湛庐 CHEERS

与最聪明的人共同进化

HERE COMES EVERYBODY

零碳

[美] 索尔·格里菲斯　著
Saul Griffith

未来

马丽群　译
姜冬梅　审校

Electrify

浙江科学技术出版社

你对"零碳"了解多少

- 以下哪项属于不可再生能源？

    A. 核能

    B. 太阳能

    C. 风能

    D. 水能

- 太阳能发电与风能发电的劣势不包括：

    A. 需要占用大量土地资源

    B. 易受天气变化的影响

    C. 需要用河水或海水进行冷却

    D. 地理分布不均衡

- 以下哪项方法可以降低能源成本？

    A. 创新技术

    B. 政府补贴

    C. 减少能源产量

    D. 提高能源使用效率

扫描左侧二维码查看本书更多测试题

谢谢你，阿尔文，

谢谢你所做的一切。

尤其感谢赫胥黎和勃朗特，

你们给了我希望和目标。

Thank you，Arwen，

for everything.

Especially for Huxley and Bronte，

who give me hope and purpose.

这是同战争一样严重的紧急状况。

—

富兰克林·罗斯福

我们并不孤单。如果我们领导的是善良的人们，他们定会崛起而战。

—

波·达默龙

《星球大战：天行者崛起》

能源的绿色开发和利用是实现能源安全和加快新时代生态文明建设的重要任务。围绕实现"双碳"目标，提高终端消费电气化水平是重要环节，发展风能、太阳能、地热能、生物质以及核能等是关键路径，负碳技术是兜底手段，新型电力系统、储能、氢能、数字化等领域的共性关键技术科技创新是有力支撑，相关体制机制是有力保障。通过资源统筹、政策支持、核心技术攻关、人才培育，推进能源生产和消费革命，将开拓高质量发展的"双碳"之路。本书为实现可持续的低碳能源发展提供了有效途径，可以为从事清洁低碳、安全高效的能源体系建设的企业、研究者、投资人、公众提供很好的参考。

李全生

国家能源投资集团科技与信息化部主任

教授级高级工程师

全球气候治理和绿色低碳发展，需要世界各国、社会各界打破传统的藩篱，通力合作；需要创新思维，从源头到终端、从制度到实践，进行系统谋划，把减碳、降碳、脱碳及低碳、零碳、负碳的理念融入生态文明的方方面面；共同构建开放、共享、美丽的地球生命共同体。这本书就如何有序、快速应对全球气候变化，列出了通往零碳未来的"电气化"时间表、路线图和工作清单，对从事应对气候变化的科研人员、管理人员，乃至我们每位公民，都是很好的启示，具有较高的参考价值。

李海生

中国环境科学研究院院长、研究员

　　全球已经变暖了，并且还在持续变暖，极端天气现象不断增加。全球变暖是人类数百年来工业化过程中燃烧化石燃料、排放二氧化碳等温室气体造成的。那么人类将如何减少二氧化碳等温室气体的排放呢？这本书的作者索尔·格里菲斯，一位美国科学家，一位想帮助美国实现脱碳的科学家，写下了这本科普书。他站在历史和文化的角度上，用一位科学家的思维分析数据，劝谏人们走向零碳未来，他给出的建议就是"让一切电气化"。不知道作者的建议会不会被美国采纳，但是作者提供的数据、分析问题的方法、解决问题的思路都非常值得我们借鉴。

　　我很佩服作者掏心掏肺做科普的精神，作为一名碳中和工作者，我们都需要让更多的人明白碳中和到底是什么。我也很佩服译者，她竭尽所能地去翻译和分享这样一本好书，让更多的中国人去思考我们怎样去实现"零碳未来"。"让一切电气化"真的就够了吗？

姜冬梅

中国碳中和发展集团首席科学家

中国林业生态发展促进会碳中和工作委员会理事长

香港青少年科学院荣誉院长

这本书是一个应对气候变化的"战争"动员令，号召从比肩"世界大战"的高度实施全电气化的全民动员，勾勒了一个抓大放小、轻重明确的战略纲领，计算了投入承受水平和巨大产出的一笔"大账"，形成了基础设施新概念等一系列新理念，读后耐人寻味。从宏大框架到能源流动图的具体分析方式，既通俗又专业，很适合政策制定者、研究人员、企业家、创新者和投资人阅读。

鲁刚

国家电网能源研究院战略与规划所所长

教授级高级工程师

这本书的伟大之处在于，它着眼于我们在应对气候变化和避免即将到来的大规模灭绝事件中面临的两个最紧迫的问题：如何尽快将我们的能源供应转变为清洁的可再生能源，以及最关键的是，如何为这项工作提供资金。

金·斯坦利·罗宾逊

美国科幻小说大师

在这本书中有关于美好未来和良好气候的完整应对说明，读到这种清晰明了的思想是多么令人愉悦。

凯文·凯利

《连线》杂志创始主编

畅销书作家

这本书为基础设施、投资和生产指出了一个先进且现实的新方向，是美国经济全领域绿色转型的必读书目。

玛丽安娜·马祖卡托

伦敦大学学院创新与公共价值经济学教授

这本书对气候危机颇有洞见。在我们现在需要的解决方案中，索尔·格里菲斯的走在了前面。

利亚·斯托克斯

加州大学圣巴巴拉分校政治学系助理教授

走一切电气化的零碳之路

王革华

清华大学核能与新能源技术研究院原副院长、教授

我认为这是一本探讨零碳发展路径的很好的读物。书中不讨论晦涩深奥的科学原理，也没有令人眼花缭乱的数学公式，而是娓娓道来，把道理寓于通俗浅显的文字。当然，这并不意味着这是一本消闲读物，这是一本建立在大量的科学分析和严密论证的基础上，令人深思、发人深省的"研究报告"。我把它推荐给每一位关心气候变化且关心人类未来的研究者、政策制定者、企业家、艺术家、学生和广大公众。

目前，人类在气候变化问题上已经达成了广泛共识：北极熊的栖息地在变小、极端气象灾害在加剧、小岛即将"不岛"，气候危机迫在眉睫，即使还存在着对某些问题的讨论，走减排低碳直至零碳的发展道路已成为人类发展的必然选择。各国各界都在从各个角度研究探索如何实现低碳、零碳发展的路径。本书作者是一位科学家，是能源革命的倡导者，这部

《零碳未来》为我们描绘了一幅应对气候危机的清晰可行的路线图,他提出的行动计划就是:让一切电气化。

电气化这个词并不陌生。现代人几乎每时每刻都离不开电,工业生产、农田灌溉、食品储存、互联网通信、办公室的空调、床头灯的照明都需要电,走在路上刷手机的低头族最担心的就是电池没电。可以说,我们基本上实现了电气化。但是《零碳未来》的电气化含义更广、革命性更强。

从用户的角度看,电是最清洁、方便的二次能源。目前,它可以用于生产和生活的大部分事情,大到电解铝、高速铁路,小到电灯照明、手机充电,在终端用户或者消费者用电时不会产生温室气体排放。然而本书作者认为,这还不够,还不是"让一切电气化",因为我们还在使用焦炭炼钢、燃煤取暖、燃气做饭、燃油耕田开车。电气化的含义必须扩充,生产生活的每个方面都要用电取代化石燃料。比如,在零碳未来,交通运输车辆将完全实现电动化,煎炒烹炸全部用电磁炉。要实现这个目标,有些需要科技进步和产业升级,比如电动车电池续航能力和充电设施配套;有些则需要转变观念和习惯,比如用电烹饪,总会感觉爆炒味道不地道、烧烤风味不浓郁等。实际上,人类从茹毛饮血发展至今口味一直在变化,只要站在未来高度的观念上接受,口味和习惯是不难改变的。

电气化很美好,人们正在接受电动车,口味也在悄悄地改变,然而"让一切电气化"的重点和难点不在这里,而是"电":需要多少电?电从哪里来?据作者估算,按照美国的情况,欲实现这一目标,电力需求将是目前的 3～4 倍。很显然,按照目前的一次能源供应模式,依靠天然气、石油和煤炭发电,不仅不能实现零碳发展,简直就是南辕北辙。因此,必须进行一场彻底的能源革命,所谓革命就不是修修补补改良式的,而是颠覆性的,推翻旧观念,找到新路径:一次能源可再生能源化,充分利用太阳以及其他星球给人类的馈赠——日月星辰有取之不尽用之不竭的能源。

前面谈的都是理想，很丰满，可行性如何呢？太阳足够大，到达地球的能量有多少？现有及可见的未来的技术能转化多少？有多少土地和空间能够用来接收太阳能、安装风力机？作者对美国的情况做了认真的分析测算。如果用太阳能为全美国供电，大约需要 6 万平方千米的太阳能电池板，不到美国国土面积的 1%，而美国各类人造建筑，如道路、停车场、住宅、商业建筑等的占地面积就达 8.6 万平方千米，这中间相当一部分可以用来安装太阳能电池板。此外，耕地上可以既种庄稼又安装风力发电机。因此，即使像美国这样的耗能大户也不必为能源资源和土地资源担心。

接下来将是一系列更加棘手的问题：可再生能源电力的可靠性如何保障；使用可再生能源电力是否会增加用户成本；如何重新构建能源基础设施；传统化石能源工业将走向何方，是造成大量失业还是增加更多的就业；资金从哪里来；如何重新制定相关的促进政策，等等。作者以大量翔实的数据为基础进行了严谨的分析，并结合美国走出大萧条以及在第二次世界大战中崛起的历史和发展清洁能源技术的现实经验，对这些问题给出了有理有据的回答，并提出了中肯的建议：走一切电气化的零碳之路是完全可行的，我们需要做的就是在各自的岗位上立即行动起来。

尽管作者是以美国的情况为案例进行分析论证，但结果是令人振奋的，对于助力我国实现"双碳"目标无疑很有参考、借鉴价值。希望更多的人，尤其是为我国和人类发展殚思竭虑者能读到这本书。

本书的译者长期从事能源领域工作，能够在工作之余把这本著作译成中文，足见其敏锐的慧眼、渊博的学识和浓重的情怀。

低碳化是全球能源发展的大趋势

赖能和

中国石油集团东方地球物理勘探有限责任公司

数据中心原总工程师、教授级高级工程师

低碳化是全球能源发展的大趋势。中国石油以"双碳"战略为引领，围绕低碳发展要求，明确提出"清洁替代、战略接替、绿色转型"三步走总体部署，积极践行"绿色发展、奉献能源，为客户成长增动力、为人民幸福赋新能"的价值追求理念，加快绿色转型步伐，积极构建多能互补新格局，致力于做绿色企业建设的引领者、清洁低碳能源的贡献者和碳循环经济的先行者，努力为我国 2060 年实现碳中和目标贡献石油力量。

能源结构向绿色低碳转型已成为全球共识。中国石油坚定不移树立起绿色低碳发展的鲜明导向，突出战略引领，为国家经济社会高质量发展增添最美底色。打造绿色发展新动能，从顶层设计到发展路径，积极布局，多元并举，生态优先；光伏发电、深层地热、风能发电、氢能业务等快速发展，不断夯实绿色发展根基；在"稳油"的基础上，把天然气作为未来能源体系的关键支撑，加快页岩气、煤层气等非常规天然气的开发利用，持续提升天然气供应能力。同时着眼未来清洁能源可持续供应，致力于满足社会对高品质清洁能源产品的需求，积极推动化石能源与新能源全面融合发展的"低碳能源生态圈"建设，走出了一条奉献多元化清洁能源的绿色转型之路。早在 2021 年，中国石油就向社会郑重承诺，力争 2025 年左右实现碳达峰，2050 年左右实现"近零"排放。

《零碳未来》一书，描绘了一幅应对气候危机、创造零碳未来的清晰可行的路线图，提出了"让一切电气化"的行动计划。书中提到的电气化含义更广、时代性更强，为实现可持续的低碳能源发展提供了有效途径。本书能为推动应对气候变化、促进经济发展转型、创新绿色新能源发展、建设低碳社会发挥积极作用，可以为从事清洁低碳、安全高效的能源体系建设的企业、研究者、学者提供很好的参考。

一幅创造零碳未来切实可行的路线图

李自刚

中国宝武集团中央研究院副院长

教授级高级工程师

　　这几年，随着化石能源危机的不断迫近，"零碳"的概念被有识之士不断提起。漫漫人类历史，其最伟大的模式变革都是从基础设施革命开始，改变经济模式、社会治理，最终直至个人认知和世界观。从化石能源文明到生态文明，人类文明的方向将彻底改变，全球经济、人类社会和人们的生活方式将会出现前所未有的大转折。译者不仅关注此热点，并躬身入局，翻译了麻省理工学院博士索尔·格里菲斯的《零碳未来》是迄今为止与零碳技术相关且能源数据最翔实的书，我读完此书颇有醍醐灌顶之感。

　　于本书中，"让一切电气化"是实现零碳的关键途径，书中的主要论据虽来自大洋彼岸，但对国内诸君却颇有启发。关于零碳，学术界、产业界不乏激烈的讨论，但迄今为止，观点都比较零散、传统，大多缺乏清晰且系统的实现路径。如我所属的钢铁行业，电炉炼钢虽早已实现，但将其更大规模地推广却羁绊甚多。授鱼易，授渔有时也不难，但创渔者却要克服重重困难。从"授鱼"到"授渔"再到"创渔"，不仅内容发生了根本性变化，理念和实践都要随之改变，而《零碳未来》系统回答了关于"实现零碳未来，让一切电气化"的 16 个问题，从为什么现在已经到了最紧迫的时候，到如何改变我们对能源的传统观念，再到如何获得电能等多个角度，描绘了一幅创造零碳未来切实可行的路线图。

中国政府也制定了建设零碳生态文明，保障人类未来，发展生态弹性的远大目标，并将这一愿景从地缘政治世界观带入生物圈世界观。万物得其本者生，本者，绿色低碳也！中国宝武坚守央企使命与责任担当，勇做低碳冶金现代产业链链长，助推产业生态圈高质量发展，践行绿色低碳！希望《零碳未来》的出版正当其时，能为推动全球应对气候变化、促进经济转型、创新绿色新能源文化、建设零碳社会发挥积极作用。

留给我们的碳排放空间不多了，
我们需要立即行动起来

马丽群

国家能源集团科环集团海外业务部主任

国家重点研发课题负责人

我们听过风的声音经过我们的耳畔，

我们见过雨后的云印在我们的眼底，

我们知不知道，

在我们未亲历的格陵兰岛的洋底，

暖流正慢慢消融着冰川，

那是十分之九，冰川下，我们未曾见过的世界。

我们熟悉而陌生的地球，用了 45 亿年讲述自己变迁的故事，我们从而知道了生命从哪里来。而如今的地球，正在以极其罕见的速度变化着。冰川在融化，海平面在上升、海水在酸化，动物的栖息地在改变。接连发生的高温、暴雨、洪水、旱灾，影响了全球数百万人。

气候变暖问题引人注目。但是，我们更关心的是这种变化发生的速度。一旦气候不可逆变化的临界点到来，我们将可能失去地球系统的稳定性。

留给我们的时间不多了。

1897 年，科学家发现大气温度与二氧化碳的排放量近线性关系；1959 年，科学家开始观测这种变化规律；2015 年，联合国气候变化大会通过《巴黎协定》，将 21 世纪末 2100 年的气候变化长期目标，锁定在全球平均气温比工业化前水平高 2℃以内，并努力控制在 1.5℃以内。2022 年，全球年平均气温已经比工业化前高出了 1.15℃。

我们要减排多少二氧化碳呢？

在地球上，碳的总量是恒定的，并在岩石、土壤、海洋和大气之间进行着百万年计的慢循环，在生物圈中进行着年月日计的快循环。地球生命在地下花了百千万年甚至上亿年形成的化石燃料，如今被大量开采、燃用，大量的二氧化碳被排放到大气中进入了碳的快循环。2022 年全球能源相关的碳排放已达 368 亿吨！而在 5 600 万年前的地球古新世·始新世极热事件期间，每年也仅排放数亿吨碳。距离《巴黎协定》的碳预算目标只剩下 3 800 亿吨。

留给我们的碳排放空间不多了。我们需要立即行动起来！

在能源供给侧，我们可以大规模地利用多样性的低碳或零碳清洁能源，并加快利用风、光、水、核、生物质等零碳能源发电。在能源消费侧，我们可以尽可能使一切能量流电气化，以消纳和稳定大规模的清洁能源负荷。零碳世界中电气化的东西越多，能源系统平衡电网也就越容易。

我们还需要重新定义个人或者集体的供能和用能基础设施，比如能源互联网、智能电表、生物燃料轮船和飞机、电动车、热泵等。我们还需要在金融工具和法律法规方面做出大胆改变，比如提供气候贷款、重新书写规则，使每个人成为气候解决方案的一分子。

仔细审视我们的世界，其实我们拥有很多：阳光、风、水、生物质、地热能、核能、创新的意志与协作的精神。我们需要行动起来，去运用它们。

零碳未来中，与维护生物多样性一样，我们也需要根据资源禀赋，大规模地利用多样化的清洁能源。这些清洁能源的好处很多：互补、丰富、廉价且对环境友好。

零碳未来中，为克服清洁能源供应的间歇性和波动性，最好的办法就是通过消费侧能量流的电气化，转移负荷，获得系统灵活性和稳定性，实现能量供需匹配。电气化带来的节约，远远超出我们的估计。通过替代传统能源，可以消减近 1/4 我们认为需要的能源；减少了化石能源的勘探、开采和提炼，可以节约 11% 的能耗；交通运输电气化可节省 15%；零碳建筑可节省 6% ～ 9%。在节约的同时，我们的环境也更加宜居。通往零碳未来的路上，我们改变了能源系统，能源系统也改变了我们。

零碳未来中，储能是灵活性响应和平抑波动的必要手段。有人推测，当屋顶太阳能和电池储能的总成本击败目前电网的成本时，能源的游戏规则将发生彻底的改变，这可能也意味着能源奇点的到来，意味着从根本上改变能源经济的发展形势。到那时，不需要大量投资，就可以逐步建立起化学储能的基础设施，并取得更好的气候效果。

化学电池不能为我们过冬的需要储存能量，但是生物燃料、氢能可以弥补不同季节能量需求的差异，成为季节性能源供应的一部分。电动汽车，是巨大的移动储能机会，如果全部电气化，足以平衡电气化世界每天的能量需求波动。实现电网级储能需要更多的参与者。也许，能源奇点的到来只是时间问题。

零碳未来中，可以去想象一个不是由稀缺性而是由丰富性驱动的世界。需求响应技术比储能电池更便宜；工业系统拥有的几十年应用经验的产能过剩技术，将成为提供安全、清洁、可靠能源的最便宜的方式之一。

零碳未来中，将需要大量的远距离输电基础设施——能源互联网。这样，一边的日出就能为另一边的早餐供电，一边的日落就能为另一边的晚间电视供电。人们便可以真正地、大规模地分享所有需求响应的可能性，以及家庭和汽车上的所有储能和电池机会。

零碳未来中，需要重新思考工业系统。作为应对气候变化挑战与其他环境问题冲突最集中的行业，工业系统的零碳过程中隐藏着不可思议的商业和研究机会。我们将考虑每个物质中的碳足迹；将找到更好的、提供高温热量的能源；将开发无碳铝；将制造出在整个寿命周期内能吸收二氧化碳的水泥；更好地管理森林；研究全新的方法来制造塑料，以获得一种能像树叶那样可快速生物降解的新型聚合物，避免塑料充斥海洋。我们将致力于大力降低许多可再生能源关键部件和设备的成本，并为太阳能电池、储能电池、电机和碳纤维开发强大而高效的回收途径。

零碳未来中，我们每个人都可以成为一个好的气候公民，在做出选择的时候，尽量少地浪费能源，尽可能少地排放二氧化碳。

通往零碳未来的路上，既需要"发明更好的技术"，也需要"大量生产"；既要投入资金提高"研究学习"的能力，也要花时间"边做边学"。坚持对创新进行大量投资，并坚持扩大其应用规模，塑造学习曲线，才能最大限度地降低零碳能源技术的长期成本，改善零碳未来的经济性。

索尔·格里菲斯教授没有期盼奇迹的发生，取而代之的是总结数十年的研究数据和经验，提出利用现有技术和资源就可以快速应对气候变化的零碳行动方案。《零碳未来》为我们的思考和应用提供了很好的参考。希望各行各业的人们，都能读到它。为了建设我们共同的绿色家园，让我们一起做出改变：

一起脚踏实地！
一起仰望星空！

2023 年 7 月

让一切电气化，走向零碳未来

在本书中，我将从一个新的视角来探讨气候危机，目的是寻找应对气候变化的解决方案，而不是发现其中的困难。在解决气候危机的过程中，我们不应该是痛苦的，至少应该像吃胡萝卜一样开心，最好像吃冰激凌。换个角度说，我想提供一条通往成功解决气候危机的无悔之路。

太多为气候领域谏言献策或工作的人，在开始的时候都会问："什么在政治上是可能的？"这可能是许多人，包括我们的孩子，在进行更严肃的气候行动且受到挫折时所产生的疑惑。但是行动伊始就只瞄准政治上的可能性，限制了解决气候问题的雄心。

本书没有从"什么在政治上是可能的"这一问题开始，而是先问"在技术上必须做什么"，以求找到一个既能解决气候问题又能促进国家经济发展的解决方案。在认识到技术上必须做的事之后，我们要做的无非是进行技术、工业、劳动力、制度，以及至关重要的金融方面的协同动员。所有的利益相关者需要协调他们的努力，为所有公民创造成本最低的零碳能源系统。

本书详细地描述了一种可能实现完全脱碳的途径。由于我在试图描绘一幅完整的、令人信服的未来图景，一些读者可能认为，我将在各类清洁能源中选择一种作为最终的"赢家"。本书并不是通过探索可能的技术结果而宣扬技术不可知论的。核聚变可以是好的，近乎免费的碳捕集（carbon capture）也可以是有用的，但我在这里不支持这类特定的想法。相反，我支持那些已经通过了"准备好了吗？有效吗？"这一测试的技术。

这个有效的途径可以最好地概括为**"让一切电气化"**。

本书所依据的真实数据，大部分来源于美国能源部委托我对美国能源经济进行的前所未有的分析。这些分析勾勒了一幅图景，与其说是关于抽象概念，不如说是关于那些定义了世界的重要技术。本书描绘了一个让一切电气化的高清未来图景。在这一图景中，我们的生活会改变吗？答案出人意料——我们的生活不会有根本性的改变。不过那些会改变的事情将会变得更好，例如更清洁的空气和水、更好的健康状况、更便宜的能源和更强大的电网。美国公民依然可以拥有美国梦所承诺的几乎所有的复杂性和多样性，拥有同样大小的房屋和车辆，而在拥有这些的同时，所使用的能源不到目前使用的一半。20 世纪 70 年代，人们试图通过提高能源使用效率实现碳的零排放，我们将摒弃这种做法。我们面临的挑战是转型，而不是克制公民对美好生活的需求。

如何确保用最低成本的能源让一切电气化？首先，政策制定者必须重新制定法规和条例，原本的法规和条例是为以化石燃料作主要能源的世界制定的，它们阻碍了世界获得有史以来最便宜的电力。其次，我们需要大规模地扩大零碳技术解决方案的工业化生产。我们不能放弃创新，尽管我认为美国目前不需要任何重大的技术突破，成千上万的小发明和削减成本的办法就是实现最终目标的关键。最后，我们必须为向零碳能源系统过渡提供廉价的资本，即提供低息的"气候贷款"。如果只有最富有的、10%的人口能够负担得起气候危机的电气化解决方案，气候问题不会得到解决。我们需要建立一种机制，让每个人都参与到这个解决方案中。历史上有过这样的先例——美国过去开创了公共和私人融资制度，将这个方法改进一番就可以帮助我们完成眼下的这项工作。

对美国来说，正确使用技术、资金和法规可以使每个美国家庭每年节省数千美元。除此之外，还需要将美国的发电量增加 2 倍。现在需要一个电力"登月计划"，用新的规则去建立新的能源网络——一个运行方式更像互联网的电网。我认为要做到这一点，必须实现"电网中立"（grid neutrality）。为了实现我们的后代应该享用到好处的气候目标，在规模、速度和范围上，工业动员都需要付出类似于第二次世界大战那样的努力。

对于一个迫切希望从新冠疫情和经济危机中复苏的世界来说，没有任何其他计划能创造这么多的就业机会。我曾经与一位经济学家合作，撰写了一份针对美国的分析报告。该报告预测：如果我们能够采取积极的方式应对气候变化，将在美国的每个行政区，包括郊区、农村和城镇创造多达 2 500 万个高薪工作岗位。

这个计划并不容易，有人会告诉你，这在政治上是不可能的。但是，正如我在本书中所说的，这其实是可能的。地球的安危比政治更重要，为了迎接挑战，政治必须像以往一样做出改变。

人类在这颗星球上的未来岌岌可危。亿万富翁可能梦想着能够逃往火星，但我们其他人……必须留下来战斗。

ELECTRIFY

第 1 章

清洁能源的未来，一线希望的光

- 为了消减二氧化碳排放，唯一严肃的选择是让（几乎）一切电气化。

- 为了实现气候目标，需要每个家庭 100 % 采用电气化解决方案，例如电动汽车、热泵和屋顶太阳能，这些是个人实现零碳目标的基础设施。

- 为了减少碳排放，需要大规模建设发电和输电基础设施。

- 为了使每个人都能负担得起电气化解决方案，需要新的融资机制——气候贷款。

- 为了让一切电气化，需要目前供电量 3 ~ 4 倍的电力供应，需要以电网中立的方式实现发电、输电和储电，保证家庭、企业和公共事业单位都可以平等地用电。

- 必须取消化石能源补贴，废除人为抬高可再生能源和电气化解决方案成本的法规和条例。

- 为了实现 2 ℃温升目标，需要像战争时期一样开展工业动员，按计划脱碳。

- 为了实现 1.5 ℃温升目标，需要推广负排放技术，淘汰污染程度最严重的排放源。

本书是一个为未来而战的行动计划。鉴于在应对气候危机方面的诸多拖延，我们现在必须致力于彻底改变能源供应和需求，实现"终局脱碳"（end-game decarbonization）。世界留给我们的时间不多了。

在美国，包括政治家、活动家、学者和科学家在内的很多人，都已经放弃了。面对普遍存在的惰性和对气候危机的否认，我有时也感到绝望，但从未放弃。我们不仅要与化石能源的利益集团做斗争，还要与那些认为我们无法及时改变政治以拯救未来的人做斗争。

作为一名工程师和能源系统专家，我可以通过肉眼可见的数据，找到一个将碳排放控制在一定程度的办法，既为了子孙后代，也为了使地球保持宜居和美丽。如果这次我们做出正确的选择，将为每个消费者节省资金，国家也将创造数以百万计的就业机会，重振地方经济。

在本书中，我描绘了一条避免气候危机的可行之路。这条路并不是唯一可行的路，但我可以通过足够详细的描述向你证明：避免气候灾难并不需要颠覆世界。这是我们解决气候危机最后的机会。趁现在还有一线希望，我们必须采取行动。

现在是终局脱碳的时候了，这意味着我们再也不能生产或购买依赖于化石能源的技术或装置了。在改用电动汽车之前，我们已没有足够的碳预算来让每个人多买一辆燃油车；没有时间让每个人在他们的地下室再安装一个天然气炉；没有空间再新建一个天然气调峰电厂；更没有空间安装任何使用煤炭的装置。无论你现在拥有什么样的化石能源装置，无论它们是用于电网运营、小企业，还是家庭，这些都将是你最后的化石能源装置。

我之所以抱有一线希望，是因为我知道清洁能源面临的许多障碍是制度性和官僚性的，而不是技术性的。我们有技术手段来应对气候危机，这些手段使我们能够在不放弃汽车和舒适房子的前提下，拥有更清洁的空气和更绿色的未来。很多人认为应对气候危机需要奇迹，而实际上我们只需要努力！有人说电气化解决方案太昂贵了，但实际上，正确的做法反倒会为我们省钱。怀疑者说，这样做将减少就业岗位，但实际上，这个绿色的未来将创造数百万个工作机会。大多数人认为，清洁能源的未来意味着每个人使用更少的东西，但实际上，这意味着我们可以拥有更好的东西。

显然，要完成这个计划会有很多障碍。当我告诉人们什么是技术上必需的时候，他们却告诉我政治上存在的障碍。尽管这听起来很天真或难以置信，但我们必须弄清楚，应该如何消除这些障碍，从一次只能消除一个，到希望一次能消除很多。政策制定者必须改变他们所认为的当前的经济和政治局势下可能发生的事情。如果他们的雄心局限于考虑在政治上是否可能，那么每个人都是注定要失败的。

幸运的是，为气候危机而斗争的年轻人并没有放弃，感谢他们和其他正在尽自己努力的人。本书为那些拥有希望和愿意战斗的人而写。我希望这本书给出的行动方案能体现我们的"强烈要求"，这样我们对政治家所要求的内容就会更详细，对商界领袖所要求的内容就会更具体。他们没有提供一个到达我们想要的未来的路线图，所以现在，我们必须尽快提供给他们。

我将尽我所能，利用所有能收集到的最好、最全面的数据，详细地说明什么是技术上必需的。如果能知道什么在技术上是必需的，那么我们就可以创造性地去思考：如何使它在政治上可能，在经济上可行。

正如我的生物工程师朋友德鲁·恩迪（Drew Endy）打趣时所说："在人类历史上，我们第一次拥有了让 90 亿人在这颗星球上繁荣发展的技术，但我们的政治和制度却没有跟上。"

美国的领导人未能有效减缓新冠疫情的影响，当然也就不能指望他们胜任应对气候危机的任务。科学家们多年来一直预测会发生新冠疫情这样的危机，但他们却并没为此做好准备，反而在疫情到来时笨手笨脚地去应对。

不过，新冠疫情也给我们上了重要的一课。为了成功地应对气候危机，我们必须压平图 1-1 中的曲线，这与为了成功应对新冠疫情所需要压平的曲线形状相同。但是，应对气候危机要困难得多。对于新冠疫情，我们可能仅需要在病毒出现前 20 天采取行动；而对于气候危机，我们则需要提前 20 年采取行动。这两个难题都需要预先的准备和科学的政策。

现在已经有多种疫苗应对新冠病毒，这要感谢让这一切发生的科学家和工程师们。我们也已经有了解决气候危机的"疫苗"，这个"疫苗"就是清洁能源的基础设施。我们知道这些基础设施都有些什么：带来大规模电气化的风力涡轮机、太阳能电池、电动汽车、热泵，以及一个能将以上这些连接在一起的具有互联网中立性的大规模电网。

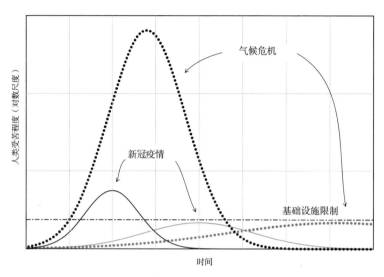

图 1-1　基础设施限制与压平曲线

注：应对气候危机与应对新冠疫情具有相似之处。在气候危机最坏的影响
显现之前，就有必要尽早采取行动。应对新冠疫情，需要提前几周采取行动；
应对气候危机，我们需要提前几十年。应对新冠疫情，制约我们采取措施的基
础设施是医院床位；应对气候危机，制约我们采取措施的基础设施是地球的生
命维持系统。

虽然这听起来可能会让人感到惊讶，但如果政策制定者做出承诺，以
所需要的规模开展基础设施电气化行动，将降低所有人的能源成本。如果
决策者在该计划实施过程中提供一套合适的融资机制，例如贷款、优惠和
补贴，使每个人都能负担得起电气化的未来，该计划的效果就会更明显。
我们有所需要的清洁能源解决方案，它可以使碳排放水平保持足够低，从
而让人们享有一个清洁、绿色和繁荣的未来。

我仍然看到了一线希望。但为了促使这种希望在未来变成现实，我们

必须提出并回答一些关键问题，这也是本书的重点。

如何应对紧迫的气候危机？ 人类活动产生的二氧化碳排放，已经使地球温度上升到危险的程度，这将伤害到许许多多的人，导致经济受损、战争爆发以及战争带来的大规模迁徙，甚至是物种毁灭和环境破坏。"承诺排放"（committed emissions）允许现有装置继续使用化石能源，使得气候危机比人们普遍意识到的更为紧迫。为了实现我们的气候目标，从现在开始，需要几乎 100% 地采用脱碳能源解决方案。这意味着，我们需要立即将现有的解决方案进行规模化应用，而不是寄希望于奇迹的出现或者还未开发出的解决方案，比如从空气中吸收二氧化碳的低成本技术。我将在第 2 章讨论这个问题。

如何从历史中借鉴成功经验？ 我在本书中所论述的计划，可能听起来过于大胆，几乎无法实现。然而，随着气候状况持续恶化，我们必须去实现看似不可能的事情。正如我在第 3 章中所说的那样，通过回顾美国处理棘手问题并取得成功的历史案例，我们能够看到将不可能变为必然的途径。

如何改变传统能源观念？ 在过去的 40 年里，政府机构和科学家们收集了应对气候危机所需的信息。正如我们将在第 4 章看到的那样，通过这些翔实的能源数据集，科学家们了解到在哪里以及如何用脱碳能源取代化石能源，以及在这个过程中我们将节省多少能源。

如何彻底变革能源结构？ 与以往的能源危机不同，气候变化不是一个可以通过提高效率和简单改进现有系统就能解决的问题，它需要做出变革。在历史上的能源使用模式中，隐藏着一个好消息：我们无须彻底改变生活方式或者放弃所了解和喜欢的东西就可以实现完全脱碳，人们可以用今天使用能源的一半来实现气候目标。我们将在第 5 章看到，清洁能源的未来将会更美好。

如何利用电气化节省 50% 的能源？让几乎一切电气化。在能源供应方面，我们需要大规模地部署风能和太阳能（可能还有一些核能），这些发电装置目前已经比天然气和其他化石能源便宜了。氢和生物能源将不会扮演主要角色，某些用途除外，如航空旅行。在能源需求方面，我们需要大规模地推广电动汽车、热泵和储能系统，正如我在第 6 章中解释的那样。

如何利用可再生资源与土地生产电力？未来，我们大部分的能源将来自可再生资源与土地。人们总是害怕面对无法想象的未来，为了消除大家的这些恐惧，我将在第 7 章论述能源供应的基本物理原理，描绘出未来的清洁能源供应图景。

如何利用可靠电网让电力持续运营？人们希望能够持续地获得供电。那么，如何确保这个能源系统能够持续不断地提供我们所了解和喜爱的可靠能源呢？在第 8 章中，我将讨论这个问题。

如何重新定义基础设施？许多人对基础设施概念的理解有些过时，认为它只包括道路、桥梁、大坝和输电线路等，其实，这些不足以描述我们需要建设的新世界。我们将会认识到，住宅、汽车和供暖系统对实现能源基础设施间的平衡至关重要，我们需要为它们提供新的融资方式。消费者也将从日常琐碎的消费小决定中得到解脱，因为人们会逐渐意识到，个人的碳足迹很大程度上是由少数几个选择来决定的。这将在第 9 章得到讨论。

如何利用技术创新让可再生能源更便宜？为了地球环境和国家经济，

我们承担不起不转向清洁能源的代价。与化石能源不同，可再生能源很便宜，而且越来越便宜。正如我在第 10 章中所解释的，当这些技术被规模化应用时，清洁能源基本上就会"便宜到无法估量"。

如何使用清洁能源节省开支？能源便宜时，一切都更便宜。在本书第 11 章，我围绕厨房的桌子做了一个模型来展示转向清洁能源将如何降低每个家庭的预算。我们将会看到，正确使用清洁能源将如何为每一个消费者节省能源账单上的支出。

如何从化石能源向清洁能源过渡？也许更准确的问题是："利率是多少？"因为贷款是为气候基础设施融资的途径。所有的脱碳技术都有较高的前期投入成本和较低的终生能源成本和维护成本。美国曾经解决过类似的金融问题，比如 20 世纪 20 年代的汽车融资；30 年代的 30 年期政府担保抵押贷款（现在仍在使用）；罗斯福新政期间的农村电气化。正如我在第 12 章中所说的那样，今天需要一个与上述时期类似的金融解决方案。

如何与化石能源公司并肩作战？也许，气候活动人士可以终其一生坚持与化石能源公司斗争；但是，人们也可以团结起来，感谢这些化石能源公司 100 多年以来给我们提供的服务，并邀请他们加入我们的零碳之战。请参见第 13 章。

如何重新制定有关气候的政策？曾经为化石能源世界制定的政策，现在却给我们的生活遗留了诸多问题。人们普遍能够理解为什么要对化石能源进行补贴，但更重要且并不那么容易让人理解的是，政策制定者需要废除这些规定，因为这些会人为地提高脱碳的代价。正如我在第 14 章中所敦促的那样，国家需要制定简单的政策，鼓励创造最好的能源系统、电动汽车和电气化建筑。

如何利用电气化创造更多就业机会？ 新冠疫情导致了大萧条以来最高的失业率。就像第二次世界大战期间提振制造业一样，美国可以通过大规模的基础设施投资来创造新的就业机会，只不过这次是投资清洁能源。如我在第 15 章所述，如果向脱碳经济转型，国家将获增数百万个就业机会。

如何打好零碳之战？ 美国在第二次世界大战所采取的工业动员，在规模、难度和解决问题的成本上，与气候危机最为接近。在第 16 章中，我将详细分析这一切是如何发生的，并探讨如何赢得这场零碳之战。

如何重新思考工业以应对其他环境问题？ 即使我们解决了气候危机，你可能会说，海洋仍然会被塑料充斥，亚马孙雨林仍然会起火，珊瑚礁仍将会被农业径流摧毁。在第 17 章中，我将着眼于贯穿我们生活中的无数物质，不仅揭示消减能源消耗和碳排放的机会，也揭示碳固存（carbon sequestration）和减少在地球上留下更多人类碳足迹的机会。

还有哪些关于气候的重要问题呢！ 在不让一切电气化的情况下，碳固存、碳税、氢和其他对抗气候变化的计划会怎么样？有太多的碳需要固存，征收碳税已经太晚了，而氢是一个"假神"。我们需要这些东西中的一部分，但正如附录 A 所表明的，它们不是使我们免受"牢狱之灾"的钥匙。

那我们可以做些什么来改变现状呢？ 每个人都可以为应对气候变化贡献自己的努力和技能。我们要赢得这场对抗气候危机的唯一方法，就是持续与之斗争。政治和商业领袖总得多做些。如果在应对气候危机的战斗中有一次妥协，我们就输了。当政治家们设定 2050 年的目标时，你需要强烈地要求他们制定 2030 年的目标。当各个行业说他们将通过天然气过渡时，你需要回答的是已经没有时间留给天然气（何况天然气一点也不"天

然"）。这个世界不能因为绝望而拖延行动。绝望必须转化为希望，而希望
必须转化为行动，正如我在附录 B 中所说的那样。

最后，我是谁？我是一个科学家、工程师、发明家和父亲，我想给我
的孩子们留下一个更美好的世界。我也想让他们对地球和地球上的生物感
到敬畏，我此生已经幸运地享用了这一切。在这场战斗中，我将竭尽所
能。本书中的数据让我相信，抱有希望仍然是理性的，但希望不会持续
太久。我们可以在应对气候紧急状况方面取得重大胜利，但这是最后的
机会，因此我们别无选择。如果赢得这场战争，我们都会比以前生活得
更好。

本书主要关注与美国能源系统相关的近 75% 温室气体排放的紧急情
况，而美国能源系统占我们排放量的绝大部分。**美国的问题是全球问题的
典型案例，所以虽然我们关注的是美国，但本书的分析通常可以合理地反
映全球的情况。**[1] 其他温室气体的排放来自农业部门，约占 12%；土地使
用和林业部门，约占 7%；工业部门非能源使用排放约占 7%（见图 1-2）。

正如本书所建议的那样，行动起来应对气候危机，也将解决工业部门
中大部分非能源排放问题，以及农业部门、土地使用和林业部门的排放
问题。使能源供应系统脱碳，大约占我们应做工作的 85%。我愿意相信，
如果我们承诺去解决 85% 的问题，那么那些聪明而充满激情的人也会努
力去解决剩余 15% 的问题。因此，在本书的其余部分中，与能源无关的
排放只会偶尔提及。

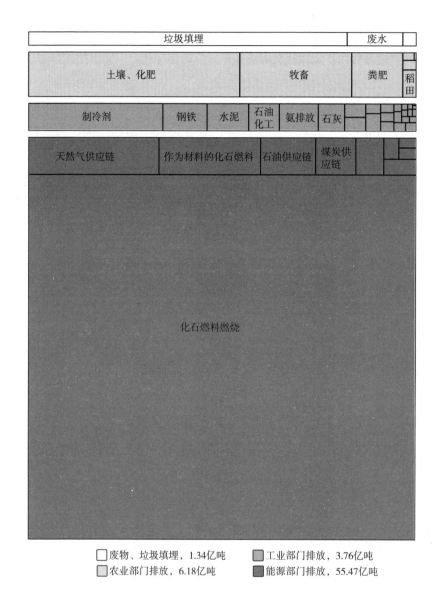

图 1-2　按部门和类型区分的二氧化碳排放量

注：本书主要是关于二氧化碳排放的最大构成部分——能源部门的碳排放。此图根据美国国家环保局对美国温室气体排放量的估计绘制。图中没有显示因土地使用产生的负排放。

ELECTRIFY

第 2 章

如何应对紧迫的气候危机

- 气候危机比大多数人意识到的更为紧迫。

- 多数报道的碳排放轨迹都假设我们将在 21 世纪末通过从空气中提取二氧化碳来实现快速的负排放。目前来看，这还不可行。我们不能指望奇迹的发生。

- 承诺排放，即使用化石能源的现有装置可以继续使用化石能源，使得气候危机变得更加紧迫。

科学方面已经对气候危机的成因做了很清楚的研究，科学家们发表了大量的关于全球变暖的著作，并且可以根据我们目前的碳排放情况来预测未来的气候趋势（见附录 C）。从这些研究中可以确定的是，我们正在迅速地走向环境多重化和气候灾难。

不必再争论这个判断是否科学了。对于一些人来说，以科学为基础的论证永远都不够。进化论的科学理论已经存在了 150 多年，有着无可辩驳的证据，但是只有大约 35% 的美国人相信人类是通过自然过程进化而来的。[1]2019 年底，我拜访了朋友露易丝·利基（Louise Leakey）[①]，她当时在肯尼亚的东非大裂谷，那里是早期人类进化的地方。她的家族世世代代都在研究人类进化的起源。露易丝向我 6 岁的女儿指出那些有着数百万年历史的头骨特征，它们证明了进化论是一个显而易见的事实。

对于那些同样怀疑全球变暖的人来说，还有其他理由能告诉他们应当为零碳未来做出努力：实现零碳可能会为所有人省钱，改善整体经济状

---

① 露易丝·利基是古人类学研究第一家族利基家族的第三代人，是著名古人类学家理查德·利基的女儿。理查德·利基的著作《人类的起源》中文简体字版已由湛庐引进，浙江人民出版社出版。——编者注

况，使空气更清洁，并能提升我们的健康水平。尽管如此，我们仍将不得不在无法获得广泛共识的情况下解决气候危机，因为文化的发展落后于科学的发展。不过，全球越来越多有影响力的人和政界人士已经意识到，我们正处于一种危机中。

是否认为气候变化属于危机，可能取决于个人的感受：居住在哪，天气有多热，以及周围的海平面上升了多高。不过我和几乎所有科学家都认为，现在的气候状况绝对是一种危机。

- 如果你居住在澳大利亚，你将体会到，全球气温上升 1 ℃所造成的火灾、洪水、人类和野生动物死亡以及干旱等灾难是毁灭性的。在 2020 年 1 月的森林大火中，有大约 10 万平方千米的土地被烧毁，造成 10 亿只动物和 20 多人死亡。珊瑚礁正在走向灭绝之路。全球气温上升 2 ℃的影响将是可怕的。
- 如果你居住在加利福尼亚州，你将会看到更多的超大型山火，造成人员死亡、财产损失、生物流离失所和空气污染。
- 如果你居住在一个地势低洼的岛屿或有数亿人口的冲积平原，如孟加拉国，全球气温上升 1.5 ℃带来的是困难，上升 2 ℃带来的就是毁灭。随之而来的是山洪暴发、海平面上升、水污染、疾病，以及大量生物的流离失所。
- 如果你居住在像纽约这样的低洼城市，你的城市可能会修建堤坝和防波堤，以承受全球气温上升 2 ℃所导致的海平面上升，但巨大的风暴潮仍然会引发洪水。而且建设堤坝意味着，纳税人的钱别想花在其他地方了。
- 如果你居住在迈阿密或佛罗里达群岛，全球气温上升 2 ℃的后果是海滩将面目全非，你的这块地产会下沉（地产的价值也是）。
- 如果你居住在加拿大或俄罗斯的内陆地区，全球气温上升 3 ℃

的情况似乎并不那么糟糕，甚至还可能改善你的农业生产状况。但这并不代表，在一个数亿气候难民和全球粮食紧张造成的冲突世界里，你感受不到压力。

- 如果你是地球上大约 1/3 受到气候危机威胁的物种之一，包括蜜蜂和其他人类食物供应所依赖的传粉者，你可能会同意最好全球完全不会变暖。

- 如果你是一个农民，你已经在应对不断变化的天气模式、季节和作物生存能力带来的挑战。

- 如果你是保险公司的承保人，你可能会拒绝赔付客户因气候灾害造成的损失，因为你知道这种事还会发生。

- 如果你在医疗领域工作，你会明白，气候危机是一种类似于流行病的公共卫生安全问题，它将导致未来的大流行病。这些影响已经造成每年数千人死亡，由此引发的医疗保健费用高达数万亿美元，[2] 而且这些恶性影响每年都在加剧。

- 如果你是刚刚出生的孩子，并将活到 2100 年，届时海平面将预计上升 0.6 ~ 3 米，这足以使数亿人流离失所。你现在可能无法理解这些话，但未来的你会明白自己出生在了一个紧急状况下。

- 如果你在军队里工作，你们可能已经将气候危机确定为国家安全的最大威胁，因为它将使难民问题更加严重、供应链消减，并使小区域不稳定扩展为全球不稳定。

我打算在本书中展示一条通向更美好世界的清晰之路，这条路细致到足以弥合想象与现实之间的鸿沟。这是我们的希望所在，也是基于科学和技术上的可能性。

首先让我们看看，为什么行动时间表远比想象的更紧迫。

我们必须立即行动

必须立即行动，不是 10 年之后，甚至不是 1 个月之后。我们已经到了需要去改变全球能源基础设施的最后时刻，以确保全球气温上升在 1.5 ℃ ~ 2 ℃ 这个范围内。我们还有机会，以一种能让未来更美好的方式来应对气候变化。

2016 年的《巴黎协定》旨在避免气候危机，力争将 21 世纪的全球气温升幅保持在比工业化以前高出 2 ℃ 的水平，同时努力将气温升幅进一步限制在 1.5 ℃ 以内。[3]

即使有这些协议去支持碳排放的目标，也很有可能无法实现我们想要的气候稳定。2018 年，联合国政府间气候变化专门委员会的科学家们总结了世界各地气候变化方面的发现，他们得出结论称，实现 1.5 ℃ 温升目标是可能的，但这需要"社会各个方面做出迅速、影响广泛和史无前例的改变"。[4]

联合国政府间气候变化专门委员会的报告预测：如果想要实现这一目标，"我们有 12 年时间"采取行动。该报告发布于 2018 年，但在 2019 年和 2020 年间，美国并没有采取任何措施来改善这种状况。所以，从 2021 年到 2030 年，我们还有 9 年的时间将人类的碳排放量减半。联合国政府间气候变化专门委员会警告说，即使将全球气温升幅维持在 1.5 ℃ 以内（这已经是一个难以实现的目标），也会导致大规模的干旱、饥荒、物种灭绝、整个生态系统的损坏和可居住土地的丧失，使超过 1 亿人陷入贫困，特别是中东和非洲地区。[5]

这一警告是非常合理的，因为联合国政府间气候变化专门委员会报告的预测数据依赖人类开发的负排放技术，如碳固存，以实现上述目标。但就目前而言，这些技术还远没有达到切实可行的推广应用规模。

有些人或许会辩解说，我们可以继续燃烧化石能源，因为有一天，空气中的二氧化碳或许能够被吸收。我们不能依靠想象中的技术来实现气候目标，而是必须用现有可行的技术来实现 2 ℃温升目标。现在的技术可以做到这一点，前提是我们马上使用它们。

如果超出了目标所设定的排放限制，我们将面临不可逆转的临界点，之后再也不可能使气候稳定。正如研究气候临界点的蒂莫西·伦顿（Timothy Lenton）教授和他的同事在 2019 年的论文中强调的那样，我们对这些临界点了解得越多，就会越明白，它们到来的时间会比我们之前想象的更早，也会带来更多的破坏。[6]

鉴于我们对气候危机带来的现象和气候敏感度的了解，例如：冰川更快融化、砍伐亚马孙森林带来的影响、北极苔原的甲烷排放，以及火灾产生的碳排放，我们已经在很危险地接近这一临界点了。一些科学家判断，我们已经失去了格陵兰岛的冰盖。[7]

每年我们都在期待一场政治革命，或者技术奇迹，这种坐以待毙的行为对地球的健康造成了可怕的后果。数据科学家齐克·霍斯法瑟（Zeke Hausfather）[8] 和气候科学家罗比·安德鲁（Robbie Andrew）[9]的分析图表，很好地表达了对气候危机的响应。我们在本书中重新绘制了这张图（见图 2-1）。

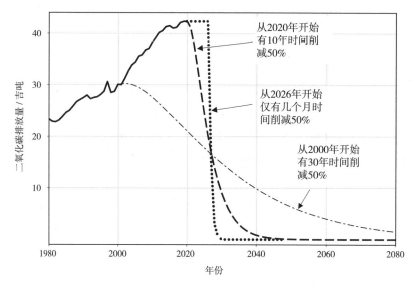

图 2-1　全球二氧化碳排放量

　　注：根据罗比·安德鲁的数据，本书重新绘制了达到 1.5 ℃温升目标所需的气候变化减缓曲线。如图所示，已经没有太多时间留给我们去迈出碳排放的第一步了。如果我们仍然不开始行动，任何达到必要气候目标的机会都将落空。

　　如何理解这张图呢？我们预计 2030 年需要完成的减排量占气候解决方案碳预算的 50%。如果我们在 2000 年就开始实施这个宏伟的计划，就能以每年 4% 的速度减少碳排放，从而实现 1.5 ℃的目标。如果我们从现在（2021 年）开始采取措施，就必须加快速度，以每年 10% 的速度减排。如果再等 4 年才开始行动，我们将用尽剩余碳预算的一半。如果等到 8 年后采取行动，减排机会将完全消失。

　　我们必须从昨天就开始，或者正如研究气候解决方案的乔纳森·库梅（Jonathan Koomey）所说，我们必须"每 10 年减少一半的碳排放"。我认为我们必须做得更好。[10]

承诺排放的影响

一直以来，我们没有认识到承诺排放的负面影响，即那些被锁定的排放。因为我们已经投资了一些基础设施，这些设施将在使用寿命期内继续排放二氧化碳。举个例子，你的车道上停着一辆燃烧汽油的汽车，但它太新了，还不能马上换成电动汽车。

目前建成的化石能源发电厂，将在未来 50 年或更长的时间里持续排放二氧化碳，除非我们关闭它们。之前购买的燃油汽车或煤气炉，可能还要继续排放 20 多年的二氧化碳。这些承诺排放，已经使全球升温幅度超过 1.5 ℃，甚至快要接近 2 ℃。[11] 这应该让我们清醒，因为这意味着，即使从现在开始，我们每次消费时都为了气候做出完美的决定，也仍完不成 1.5 ℃温升目标。

让我们总结一下刚刚学到的内容：这场战斗的开始时间已经太晚了，以至于现在我们每淘汰 1 台燃烧化石能源的机器装置，就必须用 1 台脱碳装置来取代它。这适用于所有使用能源的人和事，无论是个人、电力企业还是公司都需要采取脱碳解决方案。从理论上讲，如果在排放量最大的煤电厂使用寿命结束之前，我们就让它们退役，上述计算方法就会有所改变，但这并不能实质性地改变我们必须淘汰所有化石能源装置的事实。

100% 采用率

当一种技术或装置寿命结束时，就用一种零碳的解决方案来替代它们，这种情况被称为 100% 采用率（见图 2-2）。

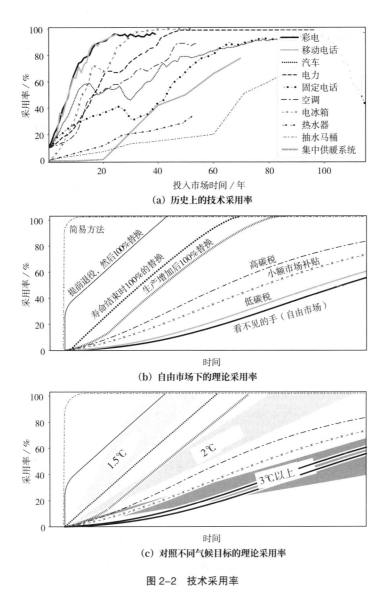

图 2-2　技术采用率

注：(a) 历史上的技术采用率。请注意，即使是迅速被采纳的创新产品，如移动电话，也需要 20 年才能达到市场饱和。(b) 由着自由市场的方式，采用率就增加得太慢了。我们需要 100% 的采用率才能实现气候目标。(c) 为了达成气候目标，我们需要在技术或者装置寿命结束时实现 100% 采用率。

今天，如果一辆汽车已经达到了退役年龄，那么它没有必要被电动汽车替代。如果每 10 个人之中就有 1 个人购买电动汽车，我们就说电动汽车的采用率是 10%。因为汽车这样的装置寿命很长，这意味着，传统的燃油汽车将会在路上行驶很长一段时间。

然而，为了减少碳排放，世界再也无法承受增长如此缓慢的采用率了，每个人都需要购买电动汽车。同样，我们需要每一家投资发电厂的企业选择太阳能发电而不是天然气发电，选择风能发电而不是煤炭发电。

幸运的是，这个项目的进展超出了预期。2018 年，全球 66% 的新建发电厂，采用的是可再生能源发电或无碳发电！[12] 虽然这很好，但还不够好，我们现在需要全面推行零碳解决方案，使采用率达到终局脱碳所要求的 100%。

虽然这听起来很有戏剧性，但并不是说你今天就得出去买一辆新的电动汽车。这意味着，当你需要淘汰一辆汽车或任何其他装置时，应该换一台不排放二氧化碳的装置。当你的汽车最终报废时，你应该换一辆电动汽车。《消费者报告》（*Consumer Reports*）曾说，一辆新车的平均寿命是 8 年或 24 万千米的行驶里程，保养得好的话可以使用更久。

我有一辆 1963 年生产、开了 64 万千米的路虎，其间，我给它换过一次发动机，但下一个发动机将是电动的，尽管它是台老爷车。同样的逻辑也适用于热水器、火炉和炉灶。屋顶也需要升级，安装太阳能发电装置。与此类似，在 21 世纪中期建设的天然气发电厂不会明天就退役，但它可能在 2040 或 2045 年就得结束寿命。我们今天就要开始游说，敦促大家采取相应的行动。

热水器可使用 10 年；冰箱可使用 12 年；烘干机可使用 13 年；屋顶太阳能可使用 15 年；暖气炉可使用 18 年；汽车和卡车可使用 20 年；恒温器可使用 35 年；电厂可使用 50 年。[13] 无论气候活动人士在说服人们购买绿色技术时多么有说服力，我们脱碳的速度都不太可能超过现有装置的自然老化速度。这就是为什么我们需要采取激励措施，比如回购计划和补贴，尽快地用电动装置替代化石能源装置。

如果在造成最严重污染的基础设施自然寿命结束之前就将其关闭，我们就可以为自己争取更多的时间。这就是为什么人们呼吁燃烧化石能源的电厂提前退役，特别是那些燃煤电厂。但是，消费者、公共事业单位和其他组织需要极大的动力，来尽早淘汰依赖化石能源的基础设施，因为这些基础设施的沉没成本很高。消费者不会愿意放弃燃油汽车，除非有经济奖励，让他们更容易换一辆新的电动汽车。

100% 采用率，只能通过强制措施和实实在在的财政激励措施来实现。仅仅依靠市场的力量，一项新技术每年的市场占有份额增加缓慢，通常需要几十年才能成为市场的主导。2018 年，电动汽车仍只占美国汽车总销量的 2%，尽管 2019 年它们占加利福尼亚州汽车总销量的 5%，但这是在特斯拉成立 15 年、通用汽车公司关闭其第一辆电动汽车生产线的 20 年后。只要安际情况允许，我们要让电动汽车和其他零排放汽车尽可能占到市场总销量的 100%。美国每年生产的电动汽车甚至不足 100 万辆，而汽车生产总量为 1 700 万辆，包括轿车、卡车、SUV 和小型货车。

100% 采用率的挑战带来了巨大的冲突，需要我们去正面解决。正如我们所知，"自由市场"无法完成 2 ℃温升目标，更不用说实现 1.5 ℃温升目标了。这可能听起来像是政府干预市场的长篇大论，但事实并非如此！我只是说明什么是技术上必需的。如果你的厕所坏了，你打电话问我该怎么办，我不会告诉你"自由市场会解决这个问题"，我会告诉你打电话给水管工。这就是全球在气候危机上遭遇的困境：对自由市场抱有再多的希望也改变不了这样一个事实，即现在依靠自由市场迅速采取行动，已经为时过晚。我们现在需要打电话给水管工，还有电工、工程师和制造商，让他们来修复基础设施。

这并不是说，企业和市场在气候解决方案中没有角色可以承担；相反，他们的角色至关重要。但是在紧急情况下，必须把意识形态放在一边。当与"看不见的手"掰手腕时，大自然母亲总会赢。正如经济学家斯基普·莱特纳（Skip Laitner）所说：自由市场，需要一只"看不见的脚"，不时在它屁股上踢上一脚。个人、政府、企业和市场，每个角色都必须行动起来，尽自己的一份力量。我们需要采用所有现成的工具，这需要大家的共同努力。

正如我们将在以下章节中讨论的那样，从理论上讲，应对气候紧急情况的措施相当简单：

- 必须使绝大多数的能源供给和消费实现电气化，这些电力必须来自可再生能源和核能。
- 必须转变重型基础设施，以及家庭购买的个人基础设施。
- 下一辆车必须是电动的，下一个火炉需要改成一个热泵，屋顶需要加装太阳能装置。这就是个人基础设施的脱碳。
- 必须要求政治家来推动这一转变发生的速度，不能单靠自由市场的力量。
- 必须激励工业企业，以类似于战时动员的速度，加快绿色技术的生产。
- 银行家和政策制定者需要建立新的融资机制，使每个人都有能力成为解决方案的一部分。

国家开展脱碳行动，并转向清洁能源，将在制造业、建筑、安装、基础设施、农业和林业等领域，为每个地区创造就业机会。这是一个振兴城市、振兴郊区、重新点燃农村城镇经济发展的机会。我们可以重新建设一个繁荣和包容的中产阶级，就像在第二次世界大战后所见到的那样，数千万个至关重要又令人自豪的就业岗位被创造出来。如果我们在解决气候问题方面做得好，每个人的能源成本都会下降；在这场终局脱碳战争中，每个人都可以发挥作用。

我们现在所面临的气候危机带来的挑战，不亚于 20 世纪所有其他危机的总和。它需要以非凡的速度和资源进行大规模动员。毫无疑问，我们会有担心、害怕或者更糟的感觉，这是可以理解的，但我们不能什么都不做。正如我在下一章中所说，这也是一个巨大的机会，能让整个世界和经济发展，对每个人都更有益。

ELECTRIFY

第 3 章

如何从历史中借鉴成功经验

- 美国曾经遭遇过的危机，为我们需要做些什么来勇敢地扭转气候危机提供了先例。

- 在某种特殊的情况下，美国创造过在危机中挺身而出的历史记录。

- 在危机面前的大胆行动，可以持久地改善我们的生活质量。

　　尽管对新冠疫情应对不力，但是在历史上，美国曾经成功地应对过许多其他危机。美国人曾经通过个人和集体的行动，为改变世界做出过贡献。无论是面临荒野、繁荣、民主、公民权利、技术优势、国家安全、公共卫生的威胁，还是面临臭氧层空洞的威胁，在各种不同的情况下，美国都与强大的对手对决过，而且赢得了胜利。为了从这些历史经验中获得启发和指引，我们有必要花点时间，反思美国曾经是如何克服那些阻碍的。我们也可以回顾过去的挑战，从历史中了解我们可以使用的工具，以帮助应对气候危机。

挽救荒野的经验

　　1903 年，博物学家约翰·缪尔（John Muir）意识到，为了伐木、采矿和开发，美国的许多荒野——他称之为"大自然的寺庙"，正在遭到破坏。[1]如果继续毁坏下去，那些野生的地区就会消失。这些荒野急需得到保护，以免被永久摧毁。缪尔说服美国前总统罗斯福和他一起到美国优胜美地国家公园（Yosemite National Park），他们在那里露营了 3 天。3 天的风餐露宿使总统意识到保护公共土地的必要性，以便为子孙后代保护好美国的自然资源。想象一下，如果有一位总统愿意去露营，为美国树立榜样，而不是去打高尔夫球！结果会怎样？这一计划成功了：在任期内罗斯福签署法令，建立了 5 个国家公园、18 个国家纪念地、55 个国家鸟类保护区和野生动物保护区，以及 150 个国家森林。[2] 虽然这也导致了美洲印第安人的迁移。但是，我们也要赞扬罗斯福为了子孙后代而保护荒野所拥有的远见和毅力。

这说明，我们有能力保护自然世界，让子孙后代享用。

融资的经验

1933 年至 1939 年间，罗斯福总统与美国国会及顾问一起，制定了一系列的就业计划、公共工程项目和金融改革政策，帮助美国从大萧条中复苏。其中一项是现在的政府还仍然支持的政府担保抵押贷款，它使得许多人买得起房子，并构建了一个稳定的、持久的中产阶级。这些计划帮助了数以百万计的美国人，但也有太多的人被不公正地排除在外。例如，非裔美国人被排除在住房市场和政府担保抵押贷款之外。

今天，美国也有一个千载难逢的机会，来解决当下的经济危机。与罗斯福新政不同，这次我们可以做到包容和公平，同时也能应对即将到来的气候危机和国家脱碳行动。

在气候危机中，抵押贷款和低息贷款是非常重要的，因为尽管清洁能源系统在建成投产后可以提供几乎免费的电力，但它们在方案实施之初就需要预付现金。消费者必须有闲置资金，才能在自家屋顶上安装太阳能电池板，以享受它们带来的长期节能的益处。解决气候问题，需要"气候贷款",这将使消费者更容易购买电动汽车和家庭供暖装置,而不是继续依赖化石能源驱动的装置。

另一个罗斯福新政的项目是 1936 年颁布的《农村电气化法》(*Rural Electrification Act*),该法案为美国乡村安装电气化设施提供联邦贷款,这可以作为气候贷款的典范。美国电气化家庭和农业管理局为美国乡村提供资金,用以购买电冰箱、电磁炉和热水器等系列电器。该管理局最终资助了 420 万套电器,而当时美国大约只有 3 000 万户家庭。[3]

这说明,创新的融资计划可以帮助我们摆脱危机,为建设小康社会奠定坚实基础。

战争中的经验

当希特勒军队进攻法国、英法联军不得不从敦刻尔克撤退时,欧洲的局势及民主的未来,似乎陷入了泥潭。丘吉尔极力对抗希特勒,恳求罗斯福参战。作为回应,罗斯福开始建设工业基础设施,以期能够在一种新型战争中打败德国。这项计划不仅需要士兵,还需要飞机、坦克、吉普车、枪支、子弹、船只和炸弹。

一开始,美国没有能力承担这项重任。美国走出大萧条后,整个国家依然处于孤立主义的情绪之中,军队装置不足,组织混乱。但是,罗斯福与实业家们合作,用前所未有的速度制造出了所需要的武器。

这说明,我们有能力以惊人的速度提高工业生产效率,足够快地进行必要的技术变革,以应对气候危机。

太空竞赛的经验

1957 年 10 月 4 日，苏联成功发射了世界上第一颗人造卫星"斯普特尼克 1 号"，震惊了当时的美国总统艾森豪威尔和整个美国。这颗海滩球般大小的人造卫星引发了美苏太空竞赛，并推动了美国新一轮的政治、军事、技术和科学发展。

"斯普特尼克 1 号"卫星发射后，为了避免未来再次遭受技术突袭，美国立即着手创建一系列灵活的科学机构，并制定具体的推进计划，包括成立美国国家航空航天局（NASA）和美国国防部高级研究计划局（DARPA）。DARPA 最初的名称是 ARPA，1972 年才增加了 D（defense，国防）。这些机构在人工智能、隐形技术、微电子、监测和通信方面实现了颠覆性的技术进步，包括通信网络的始祖阿帕网。

美国前总统肯尼迪利用艾森豪威尔时期成立的机构，发起了一项工程计划，这个计划如此目标高远，以至于它现在成了科学和工程雄心的代名词：登月计划。1961 年 5 月 25 日，肯尼迪宣布了一个惊人的目标：在 10 年内，让一个美国人登上月球。1969 年 7 月 20 日，阿波罗 11 号登陆月球，这是阿姆斯特朗迈出的一小步，也是"人类的一大步"。太空探索让人类有了超越地球这颗小星球的视野，开始将自己看作太阳系和宇宙大背景下的一个物种。

以今天的美元计算，阿波罗计划在其 10 年生命期中，花费了 1 500 亿美元。目前，美国政府每年在能源和气候技术上的支出仅为 30 亿美元，10 年的支出约为登月计划支出的 1/5。美国能源部的预算约为 300 亿美元，其中绝大多数用于核威慑、武器储备和国家安全。在基础科学领域，美国能源部投入了大量资金，其中只有一小部分资金，约 30 亿美元，用于在短期内可能产生影响的能源技术。[4] 既然我们在讨论拯救地球，那么将能源技术支出增加 10 ～ 50 倍，较我们的目标而言是比较合理的。

这说明，我们可以在科学和技术上投入大量资金来解决大胆的问题。

集体行动的经验

民权运动，一直与美国制度化的种族歧视这一根深蒂固的人类紧急状态作斗争。从美国现代民权运动之母罗莎·帕克斯（Rosa Parks）和"自由乘车者"（Freedom Riders），到 1963 年在华盛顿大游行中为了种族平等说出"我有一个梦想"的马丁·路德·金，勇敢的活动人士前赴后继，致力于改变歧视性的法律。

马丁·路德·金被暗杀，民权运动不得不与全美各地顽固的反对力量作斗争，但这也促成了美国前总统约翰逊签署 1964 年的《民权法案》、1965 年的《投票权法》和 1968 年的《公平住房法》。从那以后，我们看到了投票权的倒退，但是美国也选出了第一位黑人总统奥巴马，在多样性和包容性方面也取得了进步。警察的种族主义暴力执法引发的"黑人的命也是命"（Black Lives Matter）运动，使很多美国人意识到，警察歧视性执法和针对有色人种的暴力行为依然存在。民权活动人士曾经是，而且依旧是各类活动人十的榜样，这包括气候活动人士和那些奋起表示自己有权拥有一个宜居未来的年轻人。今天的气候活动家知道，气候变化带来的破坏在全球范围内是不均衡的。

这说明，通过共同努力，就能用集体行动改变历史的进程。这需要勇气和直接的行动。

处理能源危机的经验

1973 年末，尼克松就能源危机向全国发表讲话，警告美国对国外石油过于依赖的情况。能源危机要求美国政策制定者做出雄心勃勃的回应。尼克松成立了以科学研究为基础的机构——美国能源信息管理局、美国能源部以及美国国家环保局，以研究和解决环境问题。美国对能源和气候危机的大部分了解，都是由这些机构主导完成的。这些机构在尼克松、福特和卡特三届总统的领导下建成。

20 世纪 70 年代的问题是，既然美国 10% 的能源需求是由国外供给的，所以可以合理地设想，如果能够找出将化石能源使用效率提高 10% 以降低 10% 能源需求的办法，就能解决能源危机。这就是 CAFE 标准[①] 和 "能源之星" 认证[②] 的由来。但这也让美国人产生了一种现在看来已经过时的观念，即可以仅仅依靠提高效率来解决能源问题。

20 世纪 70 年代的能源危机，是由于美国能源系统中 10% 的能源需求来自进口石油；而当前的危机，是如何将美国能源系统中近 100% 的能源需求转向清洁的电力。

今天，我们需要完全停止使用化石能源，而且不能仅通过提高效率来实现零碳排放。

---

① CAFE 标准全称为公司平均燃料经济性（corporation average fuel economy），是美国的油耗及排放评定标准。——编者注

② "能源之星" 认证（Energy Star），是美国能源部和环保局共同推行的一项政府计划，旨在更好地保护生存环境、节约能源。这一计划最早在电脑上使用，现在纳入其认证范围的电器已达 30 多种。——编者注

这说明，我们现在之所以了解目前的能源需求和战略，是因为美国在20世纪70年代已经率先全面收集了能源数据。我们需要继续投资现有的技术创新系统和数据收集工作，开发需要的技术，以在计划时间内实现大规模的零碳排放。

处理公共健康危机的经验

1964年，当时的美国卫生局局长卢瑟·特里（Luther Terry）向公众投下了一枚"重磅炸弹"：吸烟会导致肺癌和其他癌症，烟草行业通过隐瞒香烟的危害，误导了消费者。当时42%的美国成年人有吸烟习惯。特里发起了一场反对吸烟的公众运动，包括健康警告、广告禁令，以及一场提高公众意识的运动，提醒公民吸烟的危害。[5]从那时起，吸烟者的比例下降了一半以上，降至18%。《美国医学会杂志》（*The Journal of the American Medical Association*）估计，在此期间对吸烟的应对措施，使800万人免于死亡。[6]

气候危机也对人类健康构成严重威胁。世界卫生组织估计，到2050年，如果《巴黎协定》目标可以实现，导致哮喘和其他呼吸系统疾病的空气污染就可以减轻，每年可以挽救全球700万人的生命。[7]美国国家环保局估计，到2030年，由于气候危机导致空气中臭氧浓度升高，可能会导致美国每年新增数万例与臭氧相关的疾病和过早死亡的病例。[8]全球变暖还将导致更多中暑和其他高温致死的情况。

这说明，公众的共同努力可以避免一场公共健康危机，并遏制那些大型烟草公司或者大型化石能源公司等导致健康恶化的公司的发展。

处理臭氧层损耗的经验

臭氧层使人类免受紫外线辐射危害。在科学家发现臭氧层上有个大洞之后，1987 年，各国共同达成了《蒙特利尔议定书》（*Montreal Protocol*）。他们签署了国际条约，逐步淘汰当时大多数制冷剂中的全氯氟烃。[9]《蒙特利尔议定书》已经多次修订，包括 2016 年通过的《基加利修正案》（*Kigali Amendments*）。这种协定，可能并不完全来自利他主义。

在 20 世纪 80 年代，陶氏化学从全氯氟烃上赚钱较少，所以他们开始支持《蒙特利尔议定书》逐步淘汰全氯氟烃，转而支持自己拥有专利的氢氟烃。[10]在 21 世纪 20 年代，同样的故事重新上演。杜邦、科慕和霍尼韦尔等化学公司资助了《基加利修正案》，该修正案将逐步淘汰氢氟烃，因为他们拥有次氟酸的新专利。[11]他们还试图抵制使用天然制冷剂，因为天然制冷剂是次氟酸的竞争对手。[12]尽管行业内部存在这样的恶作剧，但减少制冷剂的排放，是以国际合作的方式解决全球问题的一个很好的例子。我在这本书中经常提到的热泵，与冰箱和空调一样，它也使用制冷剂，如果不是因为科学已经证明了这一点，就可能对大气造成灾难性的影响。制冷剂的未来涉及"天然"制冷剂，比如超临界二氧化碳，它们相对而言对温室气体的影响微不足道。

这说明，各国通过集体行动，共同稳定了一个复杂的地球系统。科学家发现了问题，工程师提出了解决方案，政治家建立了正确的监管环境。

当下的气候危机

● 就像建立国家公园一样，我们现在有机会，为了孩子们的未来，去挽救荒野和整个地球。

- 就像罗斯福新政一样，这场危机需要在融资和公共工程方面进行创新，而这将创造就业机会。

- 就像第二次世界大战战时动员一样，我们必须进行工业转型，改造基础设施，加快战时生产，这是我们急需解决的问题。如果不能自愿行动，就可能需要政府行使危机中的权力。

- 就像太空竞赛一样，我们必须遵守目标高远的计划表，并在科学上投入大量资金。

- 与民权运动一样，法律的响应，须辅以直接行动和社会运动，从而产生寻求变革的政治压力。

- 就像 20 世纪 70 年代的能源危机一样，必须通过数据来指导我们的行动。

- 就像吸烟引发的公共健康危机一样，我们必须综合运用激励措施、监管制度、定价机制、公众意识和有效能力，来实现完全脱碳。

- 就像《蒙特利尔议定书》一样，我们应该向解决这一危机的国际政策靠拢。

但是，我们今天面临的气候危机，在很多方面都与以前的危机不同。这一次，对手是化石能源，它已成为现有经济不可或缺的一部分；这一次，由于气候反应较采取措施的时间滞后很多，我们需要在最严重的影响出现之前很久就采取行动。正是由于这些原因，气候危机已经被描述为一个"超级棘手的问题"，解决气候变化问题被定义为一个几乎不可能完成的任务。

除了拯救地球之外，这项工作回报给我们的，将是丰富的廉价能源、优质的工作机会、改善的公共健康和一个繁荣的新时代。我们必须再次振作起来。

ELECTRIFY

第 4 章

如何改变传统能源观念

ELECTRIFY
零碳未来

- 我们今天拥有的大量数据，是从 20 世纪 70 年代建造的民用基础设施获得的。

- 20 世纪 70 年代的石油危机可以通过提高能源系统的效率来解决。

- 不同于石油危机，气候危机必须通过改变能源系统来解决。

- 我们必须以同样的紧迫感，既在供应也在需求上进行碳减排。

　　显然，气候变化是一种危机。我们需要什么样的专业知识来解决气候危机呢？我们需要知道目前使用的能源供应来自哪里，消耗在哪里，从而能够用更清洁的能源来源与使用终端来替代它们，最终实现零碳未来。

　　我们对能源来源和使用终端的了解，来自 20 世纪 70 年代的能源危机。从那时起，大量的关于能源供应和需求的数据得以积累下来。但因为 70 年代的危机类型不同于当前的危机，所以在开始脱碳工作之前，我们需要改变关于能源的传统观念。

　　20 世纪 70 年代的危机是石油进口危机。这是一场能源供应危机，因为美国约 10% 的能源供给来自中东的石油，而这条能源供给链被切断了。

　　由于供给必须与需求相等，专家们从需求侧的角度来考虑如何使用能源，发现我们可以轻松地将能源需求侧的使用效率提高 10%，尤其是汽车和家用电器的效率，从而消除对进口能源的需求依赖。提高效率可以解决这 10% 的能源供给问题，这就是 CAFE 标准和"能源之星"认证的由来。

　　但是，正如我们所看到的，在当前时刻，我们想要实现零碳排放，是不能通过提高效率来实现的。高效燃油汽车不会让我们实现零碳排放，除非从来不开它。我们正面临着一种新的能源危机。因此，虽然我们有传统的工具来了解能源供应和需求，但我们需要更新这些工具以及思维，以迎接当前气候危机的挑战。

能源数据的起源

1973 年末，美国每个加油站前都排起了长队，油价也一直在上涨。不管政治倾向如何，每个人都在谈论能源问题。

20 世纪 70 年代，公众对能源问题的兴趣如此之高，以至于深受人们喜爱的燃煤穴居人威尔玛和弗雷德·弗林斯通 ① 在电视特别节目《能源：一个国家问题》（*Energy：A National Issue*）中担任起了主角（见图 4-1），查尔顿·赫斯顿（Charlton Heston）负责解说，他后来成为美国步枪协会的第 5 任主席。今天类似的片子都在教育公众如何应对气候危机，比如《辛普森一家》（*The Simpsons*）或克林特·伊斯特伍德（Clint Eastwood）主演的《南方公园》（*South Park*）。

当时，美国国会议员梅尔文·普赖斯（Melvin Price）是原子能委员会主席，这个委员会是美国能源部的前身。他指派工作人员进行全面的能源审计，命令他们获取美国所有已知的能源使用数据并将其展示出来，"在不到 1 个小时的时间里，就能让一个极度忙碌的人了解美国能源困境的规模和复杂性。"

---

① 威尔玛和弗雷德是动画情景喜剧《摩登原始人》（*The Flintstones*）的主角，他们是穴居人，生活在虚构的史前小镇 Bedrock。图 4-1 中的人物即他们的形象。——编者注

图 4-1　电视特别节目《能源：一个国家问题》

注：这一电视指南表明，能源是一个国家问题。

资料来源：WXYZ‐TV, *TV Guide Magazine*（Detroit Edition）, November 19‐25, 1977。

乔治城大学战略与国际研究中心（Strategic and International Studies）国家能源项目主任杰克·布里奇斯（Jack Bridges）为原子能委员会工作。他设计了一份非常详细的桑基图（Sankey diagram）[①] 来描绘美国的能源使用情况，并在此基础上出版了他的开创性著作《理解国家能源困境》（*Understanding the National Energy Dilemma*）。[1] 布里奇斯的桑基图展示了我们是如何生产和使用能源的。这本著作的开场白很直接："美国拥有世界 6% 的人口，却消耗了全球 35% 的能源和矿产。"

布里奇斯的桑基图详细说明了美国石油和天然气的使用情况，显示了

_____

① 关于如何阅读桑基图的详细信息，请参见附录 D：如何阅读桑基图。——编者注

全美的发电量和效率，并将能源在工业部门中的用途细分，与商业、住宅和交通运输部门进行对照。布里奇斯的工作成果影响了未来几十年测量和总结能源数据的方式。布里奇斯桑基图的左边是供给，即美国的能源来源；图的右边是需求，即能源的使用终端。

实际上，在有目的地提高汽车效率、有意义地改变消费行为或者能源来源之前，美国就已经解决了 20 世纪 70 年代的石油危机。在图 4-2 中，我对比了 2019 年的桑基图与美国劳伦斯利弗莫尔国家实验室（Lawrence Livermore National Lab oratory）于 1973 年发布的第一张表示 1970 年美国能源流向的桑基图。直到今天，美国劳伦斯利弗莫尔国家实验室每年都会公布根据能源信息管理局[2]的数据制成的桑基图。在我通过了美国劳伦斯利弗莫尔国家实验室对访客的全方位安检后，我甚至还与 A. J. 西蒙（A. J. Simon）和从事这项工作的团队成员进行了交谈。2019 年和 1970 年的桑基图看起来基本上是一样的：相同的一次能源（primary energy）[①]，相同的经济部门，以及大致相同的能源利用率。如果说有什么区别的话，那就是我们今天似乎浪费了更多的能源，但这更多是绘制桑基图时使用的方法产生了微妙变化所造成的假象。

对 20 世纪 70 年代石油危机的反应塑造了这样一种思维，即相信能源问题可以通过提升需求侧的效率得以解决，例如 CAFE 标准和带有"能源之星"的电器就体现了这样一种想法；而另一种想法则认为，转型是为了创造更多的供应，无论是核能还是天然气。这让我们陷入了一种旧的思维方式，这种思维方式使得我们无法看清今天的大局，以及能源供给与能源需求必须同时转变这样的事实，我希望这种事实更加显而易见。

———————————

① 一次能源又称天然能源，是从自然界取得、未经任何人为改变或转换、可以直接使用的能源。——编者注

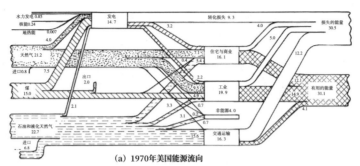

（a）1970年美国能源流向

所有数值单位为10^{15}Btu；2.12×10^{15}Btu相当于一百万桶／日原油；
总能源消耗为67.5×10^{15}Btu

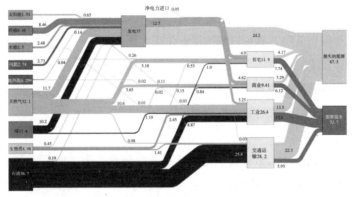

（b）2019年美国能源消费估计：100.02 quads

图 4-2　由美国劳伦斯利弗莫尔国家实验室绘制的两张桑基图①

注：（a）第一张美国劳伦斯利弗莫尔国家实验室桑基图，显示了 1970 年美国能源流向。（b）2019 年的美国劳伦斯利弗莫尔国家实验室桑基图，看起来与 1970 年的基本相同，除了更大比例的能源被"浪费"，尽管这些浪费主要是由于绘图方法论上的不同。

资料来源：Lawrence Livermore National Laboratory，"Energy Flow Charts: Charting the Complex Relationships among Energy, Water, and Carbon，" 2020。

———————————————

① Btu 为英制热单位，1 Btu 大约为 1055 J；quad 为能量单位，1 quad 大约为 1.055×10^{15} kJ。
——编者注

能源供给量必须等于能源需求量

20 世纪 70 年代能源危机应对措施的另一个结果是，它是在强调能源供给侧的观点下诞生的。桑基图最初被构思出来的时候，它从供给侧的石油桶数和煤炭吨数，指向需求侧的 4 个不透明的"大桶"：工业、住宅、交通运输和商业部门。这留给我们一个侧重于珍贵岩石（煤炭）和神奇高能量液体（石油）供应的视角，但是缺乏太多关于需求侧能源使用情况的洞见。

20 世纪 70 年代人们的想法是，如果美国在这些大的经济领域具有更高的能源使用效率，就可以减少能源供应。图 4-2 体现了提高效率能减少石油进口需求这一总体方向：更多的行驶里程、更高效的住房和电器（请记住，当时许多家庭都用石油供暖，今天仍有一些家庭使用石油）。但是除此以外它没有给我们更多的启示。

由尼克松启动、卡特建立的联邦机构也收集了更丰富的需求侧数据。由于每半年对工业 [3]、住宅 [4]、商业 [5]、交通运输部门 [6] 数据进行一次普查，所以我们有了现在能够高度反映能源使用情况的清晰数据。

直到今天，当人们想起能源并打算改变能源系统时，都会做出这样一个合理的假设，即供给侧提供的能源和需求侧使用的能源一样多。但是，根据数据提供的关于需求侧的所有信息，我们会看到情况并非如此。

新的分析方法将着眼于人类想要的所有东西，即我们的需求，以及这些需求所需要的所有能量。我们可以想象：如何将这些需求脱碳，并估计满足这些需求所需要的新能源量；更重要的是，需要使用哪种零碳能源，例如，电力还是生物能源。通过计算很快就得出结论，我们应该让几乎一切电气化，因为电机本身效率更高，这样使得我们在供给方面需要的能源比想象的要少得多。这里没有免费的午餐，只有我们没吃过的更好的午餐。

我们应该暂停一下，先来谢谢化石能源。从 18 世纪中期到 19 世纪中期，当人们开始大量燃烧煤炭而不是有机燃料时，工业革命就开始了，它把人类从大量繁重的体力劳动中解放出来。化石能源可以为家庭供暖，为街道照明，为铁路和蒸汽轮船提供动力，冷藏食物，并使我们能够乘着汽车、火车和摩托车快捷方便地出行。煤炭、石油和天然气为现代生活提供了动力，对我们许多人来说，现代生活相当美好，化石能源非常神奇。

但是，化石能源现在已经过时了，因为它们会产生二氧化碳。我们已经到了必须用新能源来替代化石能源的时刻。我们需要尽可能多地了解我们对能源使用的需求，然后弄清楚如何具体地满足这些需求。

我一直痴迷于能源数据。让我妻子恼火的是，我曾经测算过我们家里每一次能源的使用，包括汽车燃料、电力和天然气。我甚至称过我们拥有的每一件物品的重量，这样我就能知道报纸和藏书的能源消耗比例。这也是为什么我建议妻子取消她每天订阅的报纸，因为每周送进我们家的 4.5 千克报纸占据了能源消耗的很大一部分。不过为了避免离婚，我们还是订了一份周报！

在私下关注能源数据 10 年之后，2018 年，我的公司 Otherlab 通过 ARPA-E 项目[①]与美国能源部签订了合同，对手里的所有能源使用数据进行更深入的研究。[7]我们从住宅能源消费调查、商业建筑能源消费调查、

---

① ARPA-E 项目全称为高级研究计划局能源项目（Advanced Research Projects Agency-Energy），该项目为美国能源研究人员提供资金、技术援助和市场准备。——编者注

全美家庭交通调查、交通能源数据手册、联邦能源管理项目和北美工业等级化系统中提取了数据。

我的工作变成了阅读脚注，并对它们刨根究底。我们公司的任务是建立一个工具，将美国联邦能源研发与发展的支出置于优先地位。自然地，对于我来说，这最终还是被总结为一个桑基图，从能源的开采、生产和进口，到它的最终用途——家庭、工厂，甚至教堂。

我拖着一群同事一起工作，包括基思·帕斯科（Keith Pasko）、山姆·卡里什（Sam Calisch）、阿金·巴尔加瓦（Arjun Bhargava）、彼得·林恩（Pete Lynn）和詹姆斯·麦克布赖德（James McBride），这项工作令我痴迷。我们甚至把最终的设计图印在了办公楼浴室的浴帘上，直到现在办公室的墙上还挂着这幅巨型墙报。

我们给自己定下的宽松目标，是将美国的能源消耗降低到 0.1%。我们由始至终地追踪了每一个能源流向和数据集，希望从中了解到什么，这个过程像是掉进了爱丽丝的兔子洞①。我们能够实现目标，但是最终的结果还需要配得上桑基图的绰号——"意大利面"图。

一旦有了关于能源系统的所有信息，我们就可以用它做另一件事，也就是开始思考如何改造它。通过将数据可视化，可以清晰地看出我们必须在转变能源供给侧的同时转变能源需求侧。很明显，电气化不仅是实现转型的途径，还具有前所未有的内在效率。桑基图展现的复杂图景非常详细，非常迷人。

---

① "爱丽丝的兔子洞"来自刘易斯·卡罗尔创作的《爱丽丝梦游仙境》，爱丽丝掉进兔子洞后，进入了一个神奇的地下世界。——编者注

现在，我用数据来叨扰一下大家，在美国所有能源中，用于开车送孩子去教堂或学校的比例是 0.7%；闲置建筑中使用的能量占 0.03%；运输肉类、鱼类、家禽和海洋食物的能量占 0.2%；军用飞机喷气燃料所消耗的能量占 0.5%；移动住宅使用的能量占 0.5%；全美 710 万千米长的天然气管道所使用的能量占 0.87%；甚至广告牌都消耗了 0.005% 的能量。

深入研究各类数据，观察各个经济部门使用能源的情况，以及美国使用能源的一些不寻常或者至少是不明显的方式，可以获得大量新见解，至少对我来说，这个过程充满乐趣。应该强调的是，这些数据概括了社会在能源使用方面的所有表现，并使我们对人类的集体欲望有了相当多的了解。

面对这么多的数字，人们很容易判断一种能源使用与另一种能源使用之间的差异，比如：用于休闲划船的 0.24 quads 和用于公共集会建筑的 0.48 quads 的价值。然而，人们在比较苹果、橘子，以及利用道德判断对比这些数据时，我们应该保持警惕。或者，正如我已故的朋友、英国物理学家与数学家戴维·麦凯（David J. C. MacKay）曾经说过的那样："人类所有的活动都是愚蠢的。"

不同部门的能源使用

政府部门

自 1975 年以来，美国联邦能源管理项目已经监测了美国政府机构的能源使用情况，提供了一幅税收所支持的能源使用的桑基图（见章末图 4–3）。

但这幅图是不完整的，因为它只监测易于测量的内容，例如石油、电力和天然气的使用。它不包括用于建造政府办公大楼、航空母舰、坦克和枪支的能源，所有这些都被归为"工业"类别。

一开始，观察结果令人惊讶：就美国政府的能源使用而言，支持世界各地军事行动的航空燃料完全占据了主导地位，它几乎占全部能源使用的0.5%！远远排在第二位的是邮政服务。这是一个令人难以置信的机构，无论下雨、下冰雹还是晴天，它都在投递邮件。相对而言，美国国家航空航天局只使用了少量的能源来支持对宇宙的探索，鼓励人类仰望星空。

住宅部门

下一类是住宅部门，这是我们最熟悉的。从章末图4-4中可以看到，郊区的骄傲——独栋住宅主导着能源使用。住宅使用的大约一半能源用于供暖，1/4用于加热水，剩余1/4用于照明、做饭、洗衣和为电子设备供电。在应对气候危机的过程中，我们必须承认，需要去解决生活中所有的能源使用问题。例如，移动房屋是我们现存建筑的一个重要组成部分，不可被忽视。正如"小房子"运动（Tiny House Movement）所强调的，居住在那样大小的房子能提高能源使用效率。

在考虑住房部门的脱碳时，同样重要的是：我们根本没有时间为所有的房子打造新的样板间。如果不想出办法，为了即将到来的电气化生活改造现在的家和住宅，我们就不能及时解决气候危机。美国有1.3亿户家庭，其中约有9 500万户是独栋住宅。如果每年只能重新建造150万户住宅，则需要100多年才能完成所有现有建筑的改造。

工业部门

当我们计算能量（热电）损失时，工业部门是所有经济部门中最大的能源消耗者（见章末图 4-5）。就能源使用而言，这是一个复杂的行业。在这个部门，大量能源被用于发现、开采和提炼化石能源。从地下开采煤炭、石油和天然气并将其转化为精炼产品需要消耗大量能源。制造塑料和化肥需要大量的天然气。这个部门还需要大量的生物能源，比如纸浆工业需要大量的树木来生产纸张、纸板、新闻纸和建筑材料，而副产品是为这个产业提供动力的生物能源。看看这个部门，我们会发现一些令人惊讶的细节，这些细节让枕边闲聊变得有趣起来，尽管我妻子并不总是这么认为。比如，约 0.28% 的能源用于主要的农田作物，而另外约 0.5% 的能源用于磨碎岩石。

工业部门的一些分支是新近产生的，因此很难获得有效数据。数据中心，存储大量互联网数据的地方就是其中之一。据估计，目前数据中心约占能源消耗的 0.25%（电力的 1%），而且这一比例还在增长，但并没有像一些人所担心的那样增长得那么快。[8] 我的一个朋友，也是我研究生院的同事贾森·泰勒（Jason Taylor），负责 Facebook 的基础设施运营。我们会定期讨论能源使用问题，因为对于像谷歌和 Facebook 这样的数据公司，能源使用对运营至关重要，而且通常是除工资外的最大支出。在谈到如何使 Facebook 的运营脱碳时，贾森承认："我们现在必须使用'写一次，再也不读'（write one, read never）的数据模式。"

换句话说，上传给奶奶的孩子照片只会被看到一次，但它将永远需要少量的能量才能得以存储在某个死水般的记忆库中。就像一次性物质产品一样，信息也是一次性的。正因为如此，我们需要不断地增加能量，来将所有的旧数据保存在网络的阴影中。如果还没有活动人士呼吁数据清理和回收，以及"可持续的社交媒体"，那我希望他们会在不久的将来做这些事。

交通运输部门

在能源使用的规模方面，交通运输部门仅次于工业部门，位居第二（见章末图 4-6）。虽然航空运输名声不佳，但高速公路运输是迄今为止该部门能源消耗的主要去向，其消耗的能源是航空运输的 10 倍以上。在高速公路的能源消耗中，大约 75% 是由小型车辆、客车和卡车消耗的。令人惊讶的是，其中几乎一半都用在了 30 千米以内的旅程上，主要是上下班和履行家庭责任，比如去教堂、购物和上学。

在非公路运输中，航空旅行是能源消耗最大的"贡献者"，其次是船舶，然后是火车。顺便说一句，一架满载的现代喷气式飞机的单位能源消耗，相当于每名乘客每升汽油行驶 20 千米，因此对于长途旅行来说，坐飞机比独自驾车旅行要好。但是如果你带上 4 个朋友，即使是一辆高油耗的美国车也没那么糟糕，这也是搭车平台刻意宣传的内容。

我们甚至可以看到，运输化石能源所需的能源是巨大的，美国能源使用量的大约 1% 用于运输天然气，我们稍后会谈到这一点。近一半的铁路货运用于运输煤炭，另一半则是小麦和食品。通过对桑基图的仔细研究，我们得到了一个并不令人吃惊的发现：化石能源供应链，本身就是化石能源的主要消费者。

商业部门

商业部门包括所有与制造业或运输业无关的经济活动（见章末图

4-7）。这些活动多种多样，但大部分用于办公大楼和学校，主要用于供暖、烧热水和开空调。酒店、商场和医院紧随其后，合起来约占总数的20%。"冷链"使易腐食品在运输过程中得以冷藏，消耗了近10%的商业能源。使用化石能源发电所产生的热电损失，是目前该部门能源消耗的一个主要因素。

整体情况

完整的数据集合在一张漂亮的桑基图中，其中的信息是如此密集，以至于在常规的书籍格式中几乎无法读懂它（见章末图 4-8）。我在本书里加入它，是为了论证的完整性，而不是实用。所有的数据都可以在"能源图"（Energy Literacy）的网站上看到和使用。是的，我们在选择域名时很开心。现代世界的复杂性编织在能源经济的交叉线上。多亏了几十年前我们为应对能源危机而建立的公共部门机构，美国才能这么了解自己的能源需求。

我们的任务是观察每一条能源流向，即使是很小的能源流向。然后问："我们如何才能达到同样的结果，但不以产生二氧化碳为副作用？"作为一名能源领域碳减排的倡议者，实际上，我使用这张巨大的图，来概述未来几十年的巨大经济机会，以及在解决碳排放问题的同时建立伟大企业的战略和技术。

正如你将看到的，在很大程度上，我们已经知道如何做目前正在进行所有事情，但通过使用可再生和清洁的电力，效率将变得更高。过去的问题，如今成了未来的机会。

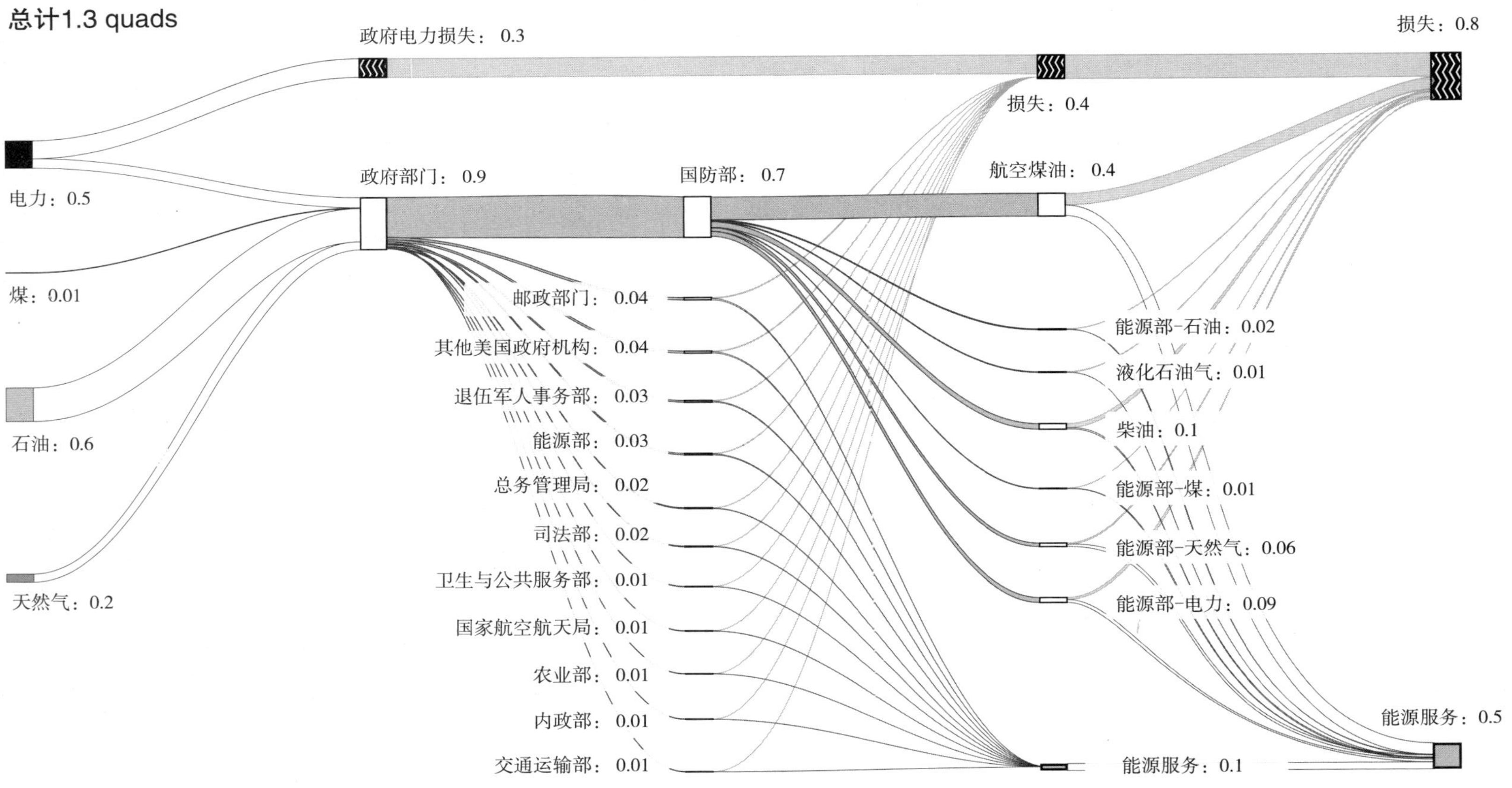

图 4-3　美国政府部门能源流向

总计1.3 quads

损失：0.8

损失：0.4

政府电力损失：0.3

能源服务：0.5

能源部-石油：0.02

液化石油气：0.01

柴油：0.1

能源部-煤：0.01

能源部-天然气：0.06

能源部-电力：0.09

能源服务：0.1

航空煤油：0.4

国防部：0.7

政府部门：0.9

电力：0.5

煤：0.01

石油：0.6

天然气：0.2

邮政部门：0.04

其他美国政府机构：0.04

退伍军人事务部：0.03

能源部：0.03

总务管理局：0.02

司法部：0.02

卫生与公共服务部：0.01

国家航空航天局：0.01

农业部：0.01

内政部：0.01

交通运输部：0.01

総計19.0 quads

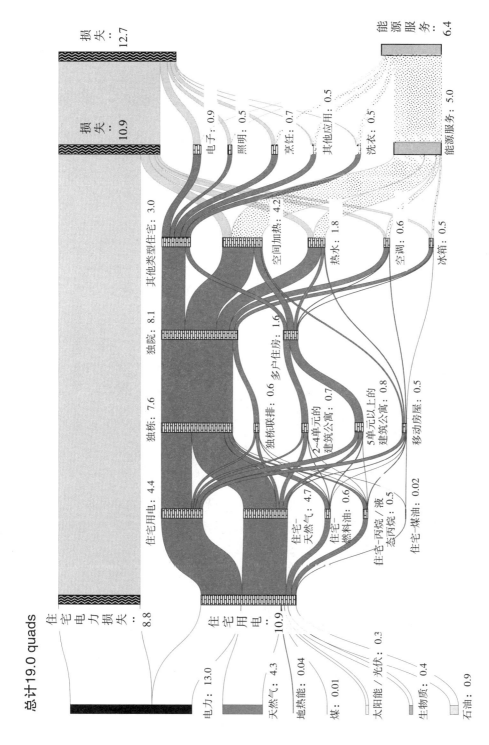

图 4-4 美国住宅部门能源流向

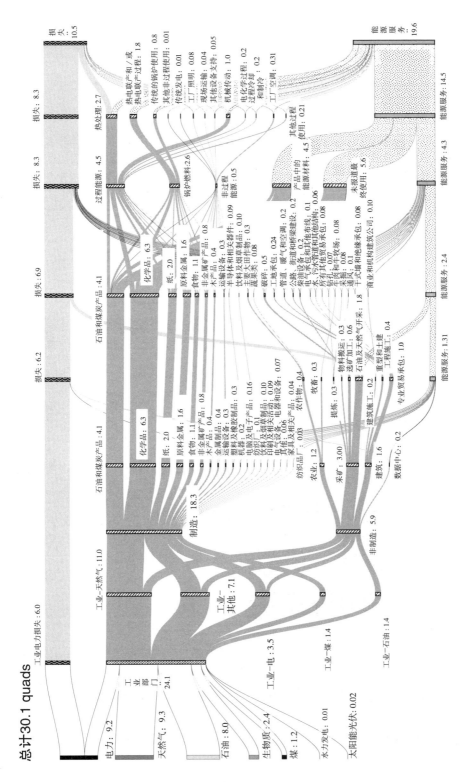

图4-5　美国工业部门能源流向

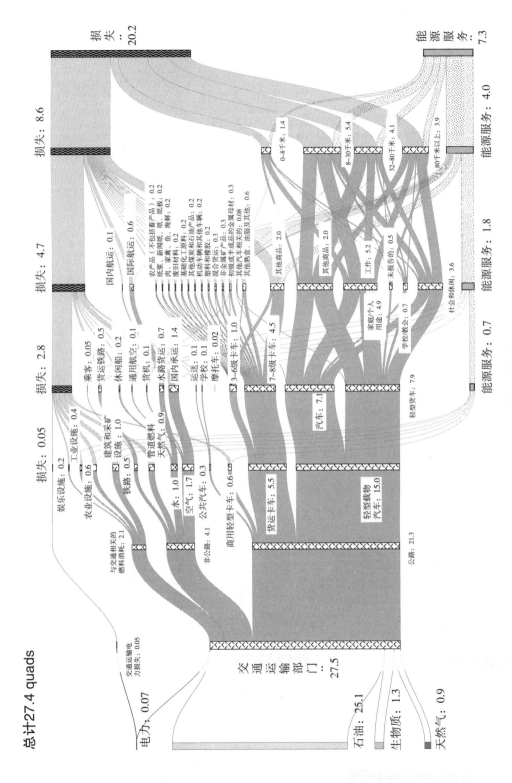

总计27.4 quads

图 4-6 美国交通运输部门能源流向

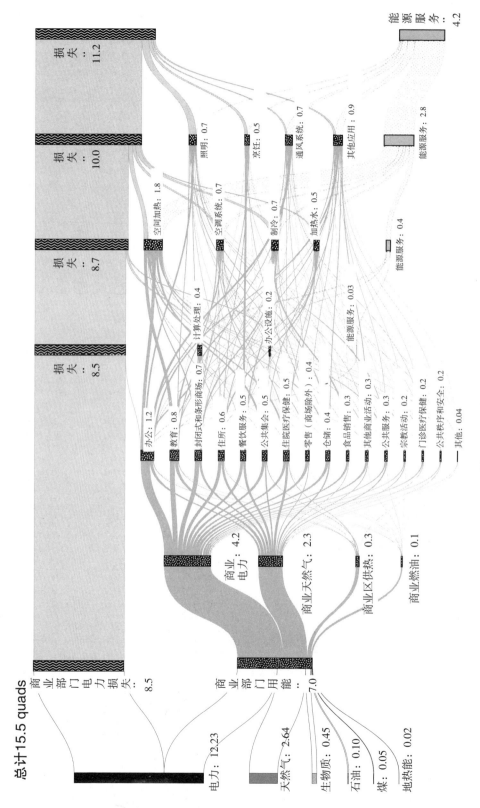

图 4-7 美国商业部门能源流向

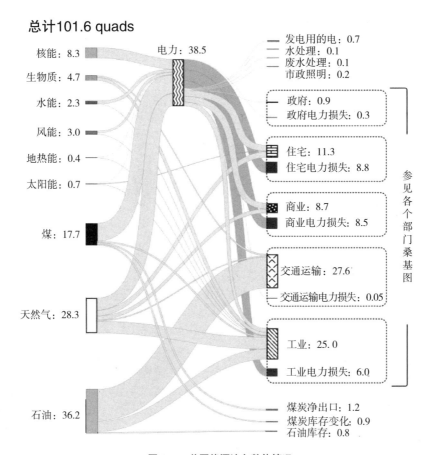

总计101.6 quads

核能：8.3

生物质：4.7

水能：2.3

风能：3.0

地热能：0.4

太阳能：0.7

煤：17.7

天然气：28.3

石油：36.2

电力：38.5

—— 发电用的电：0.7
—— 水处理：0.1
—— 废水处理：0.1
市政照明：0.2

政府：0.9
—— 政府电力损失：0.3

住宅：11.3
住宅电力损失：8.8

商业：8.7
商业电力损失：8.5

交通运输：27.6
—— 交通运输电力损失：0.05

工业：25.0
工业电力损失：6.0

—— 煤炭净出口：1.2
—— 煤炭库存变化：0.9
—— 石油库存：0.8

参见各个部门桑基图

图 4-8　美国能源流向整体情况

ELECTRIFY

第 5 章

如何彻底变革能源结构

- 现在不是 20 世纪 70 年代那种可以用提高效率来解决能源问题的年代了，我们需要变革。

- 70 年代的思维模式，让我们专注于许多小决定，无法专注于大局。

- 70 年代的思维模式，混淆了通过提高热力学效率节省能源和通过改变行为节省能源这两种方式。

- 70 年代的思维模式是少做坏事，而不是多做好事。我们应该把做好事变成做任何事的前提。

我们现在陷入一种可以追溯到 20 世纪 70 年代的思维模式。这种思维模式可以简单地概括为："如果我们极其努力地尝试，做出许多牺牲，未来可能就会好一些"。

为了应对气候危机，我们需要一种新的叙事方式，既要对手头的任务更诚实，又要比一个牺牲的故事更吸引人。这也许是一个关于我们将赢得什么的故事，一个更清洁的电气化未来，拥有舒适的家、轻便的汽车，这比不得不失去什么的噩梦故事要好很多。我们有一条脱碳之路，在这条路上需要做的是改变，而不是牺牲，这一点毋庸置疑。21 世纪 20 年代的思维模式是，"如果我们马上建设正确的基础设施，未来的结果将是令人惊叹的！"

一提到"绿色"就想到牺牲，这是 20 世纪 70 年代的思想遗产，当时专注于效率和节约。20 世纪 70 年代是一个因石油进口而引发两次能源危机的 10 年，这 10 年对环境问题做出的努力开始于 1970 年 4 月 22 日地球日这一天。由能源生产引发的空气[1]和水质问题[2]越发受到人们的重视，这部分是因为蕾切尔·卡森《寂静的春天》这样的开创性作品[①]，以及它

[①] 《寂静的春天》被公认为是开启世界环境保护运动的奠基之作，它从多个角度叙述了滥用化学农药对动物、植物、水、土壤以及人类的危害。——编者注

们所激发的新兴环保运动。解决这些问题的过程变成了一个关于节约的故事：使用更少的化石能源，调低恒温器，购买更小的汽车，少开车。20世纪 70 年代的口头禅是："减少！重用！回收！"

以节约或者说提高效率来解决气候问题的结果是：更为节能的汽车（但仍然是燃烧石油）和隔热效果更好的住宅（但仍然用天然气供暖）。自 20 世纪 70 年代以来，对效率的强调是合理的，因为几乎没有人可以为恣意的浪费辩护。每个人似乎都同意，回收废弃物品、双层玻璃窗、更符合空气动力学的汽车、更隔热的墙壁，以及提高工业效率，会使环境变得更好。但是，节能措施只是减缓了能源需求的增长速度，并没有改变能源结构。我们需要的零碳排放，正如我常说的，不能通过提高效率来实现。

另外，20 世纪 70 年代所强调的提高效率令人困惑，因为它混淆了不同类型的效率。你可以用更高效的引擎让一辆大车更节能；也可以买一辆更小的车，因为它小，所以更节能；或者干脆少开车。前一种效率是热力学效率；后两种效率提升来自行为改变。环保主义者更关注通过改变行为来提高效率，对他们而言，这已经很好了。但是，我们可以从重大的技术变革中获得更多。与其制造一辆更有效率的化石能源驱动的汽车（热力学效率），或者少驾驶它（行为效率），不如制造一辆用可再生能源驱动的电动汽车更有意义。

因此 21 世纪 20 年代需要思考的，不是如何提高效率，而是如何变革。

近半个世纪以前，美国前总统卡特发表了有关节能措施的著名言论，并通过调低白宫的恒温器温度、穿开襟羊毛衫来证明其观点。近半个世纪后，专家们意识到仅仅提高效率是不够的。人们经常忘记的是，卡特的言论与 6 年前尼克松的言论惊人地相似。[3] 虽然我们已经制造了更多的节能电器，并对日常购买的小商品的"绿化"给予了大量关注，但我们并没有为解决更大规模的碳排放问题做多少工作。而且，即使能源使用效率足够高，自 20 世纪 70 年代以来，美国仍然没有表现出任何大幅减少能源消耗的倾向。

此外，如果有人认为脱碳行动会导致一种广泛的牺牲，许多人将这种牺牲与提高效率联系在一起，那么他们将永远不会完全支持脱碳计划。如果人们继续执着并争论可能失去的大型汽车、汉堡和舒适的家，我们就无法应对气候危机。许多人不会同意任何他们认为会让他们感到不舒服或拿走他们东西的事情。

环保运动需要停止关注提高效率和能量守恒方程中的需求侧。能量方程通常是说，如果我们需求得更少，我们就可以供应得更少。我们也不能简单地通过"绿化"供应来解决气候危机，除非我们把需求侧的所有装置都换掉。我们需要一种全新的范式，它不拘泥于 20 世纪 70 年代的能源供给和需求的概念，而是体现出，这二者是紧密相关的。美国需要以与脱碳需求相同的发展速度来供应零碳能源，这意味着需使用零碳电力来驱动电机。

50 年过去了。现在，我们必须进行终局脱碳。

在 21 世纪 20 年代的思维模式中，环保主义者需要考虑得更长远。我们需要改变思维模式，从 20 世纪 70 年代着眼于提高效率的环保主义，转变为适合 21 世纪的思维。建议提高效率的人可能会反驳说，先提高效率，就不会需要那么多电。这是正确的。但我认为，电气化在政治上的确更容易被人们接受，也能带来更加立竿见影的效果，但如果要取得最深刻的进步，我们应该从各个方面来看待这个问题。购买可持续捕捞的鱼、乘坐公共交通、使用不锈钢水瓶，让我们不要再幻想这些事情做到份上就可以改善气候状况。让我们从购买习惯的麻木和对每一个小决定的愧疚中解脱出来，这样我们才能做好重大决定。

应对气候危机的最佳方式，是大规模电气化，而不是提高效率。如果车道上的电动汽车由屋顶太阳能和社区太阳能供电，供暖系统依靠一个遥远的风力发电厂供电，那么只需要几个重要决定就减少了生活中的大部分碳排放。

终局脱碳意味着一切电气化。就是说，我们不需要改变能源供应或需求，而是需要改造基础设施，无论是个人的还是集体的。我们不需要改变生活习惯。

ELECTRIFY

第 6 章

如何利用电气化节省 50% 的能源

- 不能仅仅因为熟悉就用类似的燃料取代化石能源。

- 我们不能继续燃烧化石能源，并假设可以从空气中吸收二氧化碳，然后再把它们"填"回陆地或海洋。

- 必须让一切都电气化。

- 当我们给所有东西通上电后，会发现只需消耗目前能源消耗量的一半。

如果我们不能使用化石能源。世界该如何维持运转呢？

当人们想象将化石能源转换为零碳能源时，通常会想到简单地用另一种"熟悉的燃料"来替换化石能源。如果你有 4.5 升容量的汽油容器，你会想用零碳的燃料把它装满，而且可以用它驱动同样的割草机，或者一辆普通的汽车。

这就是为什么人们对净零碳（net-zero carbon）燃料有很多想法。柳枝稷、马尾藻等生物质在生长时，会从大气中吸收二氧化碳，并在燃烧时将二氧化碳释放出来。难道这些燃料不能用于机器装置吗？我们的生活也不会因此发生多大改变，这听起来确实可行。

与此类似，人们也在讨论生产氢基或合成燃料，如氨或乙醇，其性质类似于汽油或天然气。这听起来也很容易，但需要使用更多的可再生能源或核能产生的电力来生产这些燃料，比直接从电网为一辆电动汽车充电所需的电力多。

氢燃料汽车就是这种令人费解的产品。氢燃料汽车的出现来自这样一种想法：生产 1 个单位的电量，先将 25% 的电量转换为氢，再通过燃料电池将另外 25% 转换回电能，这一切都是为了给熟悉的油箱加满熟悉的燃料，最终让车轮转起来。现在，氢燃料汽车中使用的几乎所有氢都是天然气的副产品，使用天然气只会延续我们当前面临的问题，这也是我认为这些燃料被过分吹捧为解决方案的部分原因。

总能源通路（total-energy pathway）的效率是各部分能源通路（component pathway）效率的总和。为了说明这一点，我们来对比三种驱动汽车的方式：电力驱动，氢驱动，还有用类似汽油的一种产品驱动。类似汽油的这种产品很神奇——它是用电力生产出来的，最新加入这场骗局的是普罗米修斯燃料公司（Prometheus Fuels），他们的广告文案可以让消费者相信，一辆上了年纪的福特野马车可以拯救世界。

首先来看看第一种驱动方式，即电力驱动。就一辆电动汽车而言，我们获取电能，并将其储存在汽车电池中，这个环节的效率约为 90%；然后通过传动系统传送电力，这个环节的效率约为 80%：

$$总效率 =1 \times 0.9 \times 0.8=0.72$$

这一等式的意思是，我们用 1 个单位的电力，得到 0.72 个单位的运输量。

其次看看第二种驱动方式，即氢驱动。如果我们用同样的电来制造氢，电解制氢的效率约为 65%；把氢压缩到一个容器里，再把它解压出来，这个环节的效率约为 75%；然后氢再在燃料电池中工作，效率约为50%：

$$总效率 =1 \times 0.65 \times 0.75 \times 0.5 \approx 0.24$$

这一等式的意思是，我们用同样 1 个单位的电力，只能得到 0.24 个单位的运输量。

最后来看看第三种驱动方式，即利用电力生产出来的类似汽油的燃料，电力制备这种燃料过程的效率大约为 50%，而汽油只能以大约 20% 的效率驱动汽车：

$$总效率=1 \times 0.5 \times 0.2=0.1$$

这一等式的意思是，我们用同样 1 个单位的电力仅仅得到 0.1 个单位的运输量。

鉴于生产我们所需要的全部电量的困难程度（在下一章我们会看到），很难相信我们会仅仅为了方便就使用一种 20 世纪熟悉的燃料，哪怕耗费 3 倍甚至 5 倍的电力。这就好比福特费力制造汽油驱动的金属"马"。

这种基础数学的推算方法，适用于所有的脱碳方案。

在生物能源的解决方案中，人们设想，用有机燃料生产类似数量的燃料是可能的；但问题是，没有足够的有机燃料可供使用。为了生产满足世界运转所需的生物能源，我们每年必须烧掉地球上生长的 25% 的有机燃料，这将对环境造成毁灭性的后果。在我们所需的燃料中，最多 10% 可以用这种方法制造。[1]

在合成燃料的解决方案中，人们设想用太阳能、核能、风能和水能来生产零碳的电力，然后用这些电力来制造与我们现在使用的燃料分子类似的燃料。正如我们在上述第三个等式中看到的，这是一个效率低下的游戏。

想象一下，如果我们只是用一种燃料替代另一种燃料，那么我们就会陷入 20 世纪 70 年代那种机器众多、热力学效率低下的情况。而且燃烧大量材料会使整个国家众多经济部门陷入低效的情况。正如我在第 17 章所探讨的，化石能源的运输量比人类开采和生产的任何其他东西都多，比所有的农产品、金属和矿石都多。想象一下，如果我们在必要的时间内生产这么多的替代燃料，是不是很荒谬呢？

另一种"熟悉的燃料"策略是碳固存，它的支持者们设想，我们仍然可以使用同样的化石能源，只要将二氧化碳从大气中吸出来，然后埋掉就可以了。再重申一次，人类每年产生的二氧化碳吨数，比我们使用的所有其他材料的总和还要多。无法找到一个大到足以掩埋这些排放物的垃圾场，即使它在热力学意义上不算一个糟糕的想法。

什么是在热力学中糟糕的想法呢？碳固存大约需要多用 20% 的化石能源，来捕获这些能源产生的二氧化碳，然后使用更多的能源来压缩和掩埋二氧化碳——尽管抱着把它一直掩埋住的希望，但这是无法保证的。

因为可再生能源电力在成本上已经可以与化石能源电力竞争，所以对于那些考虑化石能源的人来说，碳固存的代价明显使得化石能源在经济上不划算。

所有的这些想法，都是由那些希望继续从化石能源中获利、将人类后代的未来一把烧光的人提出的。别让他们迷惑我们，让我们的观点产生分裂。我们不仅需要改变能源种类，还需要改变正在使用的机器装置。我们需要用 21 世纪 20 年代的思维，来重新规划基础设施。

从最高层次上来看，任何现实的零碳计划其实都很简单，就是让一切都电气化。

今天，我们已经拥有解决气候危机所需要的技术。当我们把所有使用的东西都通电时，就像我下面会提到的那样，能源需求将会减少一半（见图 6-1）！

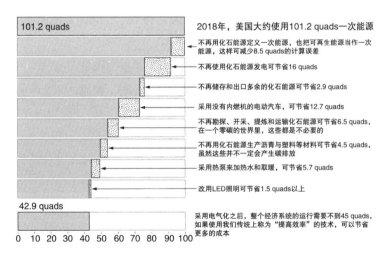

图 6-1　电气化经济节省的能源量

注：此图是美国能源经济的大规模电气化场景，按部门和使用终端模拟了一次能源消耗量的减少情况。用零碳能源使经济电气化，可以减少我们一半以上的能源需求。其最大的优势在于，发电过程中不会有热量损失，提高了电动汽车和电气化供暖系统的效率，以及减少勘探、开采、提炼和运输化石能源过程中所消耗的大量能源。

如果让一切电气化

如果你拿到美国使用的能源总量的所有数据，坐下来开始思考这样一个问题："如果我们把所有使用的东西都通电，会发生什么？"一些有趣的东西就会浮现出来。这就是我在图 6-1 中所阐述的，从中可以看到，所需要的一次能源量还不到我们所认为的一半，这使得用可再生能源发电变得简单了很多。这就是我们该做的。

使用清洁电力可节省 23% 的能源

如果停止用化石能源发电，可以减少 23% 我们认为需要的能源。

在今天的发电厂，化石能源经过燃烧产生热量，热量产生蒸汽，蒸汽带动涡轮机转动，最终产生了电。物理学告诉我们，利用热能发电的效率受到不可避免的制约，这些制约是由热力学定律决定的，即把热能转换成电能的装置，要损失 50% 或更多的能量参与此转换过程。这就是众所周知的卡诺效率（Carnot efficiency），以热力学之父尼古拉斯·莱昂纳尔·萨迪·卡诺命名。卡诺效率是指环境温度与燃烧温度的比值。在大多数的现实场景中，燃烧化石能源的机器装置的卡诺效率是 20% ～ 60%。

同样受物理定律的制约，太阳能和风能这样的非碳、非热能做功的能源，不需要将一种能源转化为另一种能源使用。正因为如此，采用可再生能源发电，将大约减少经济运行所需要消耗的一次化石能源的 15%。今天我们使用的化石能源经历了很长的能源转换过程：首先是远古的太阳能被转化为生物能源（植物或恐龙），经过地质变化转换成了化石能源，化石燃烧后产生热量，热量使水变成蒸汽，驱动涡轮机旋转运动，通过发电机产生电力。在这一连串的过程中，每个步骤都消耗了或多或少的能量。当我们使用太阳能电池板发电时，来自太阳的光子撞击半导体，并由于光电效应释放出电子（感谢爱因斯坦发现光电效应）。所以，尽管太阳能通常只有 20% 的效率，但不会像使用 20% 效率的汽车引擎那样，消耗来之不易的能源。

其他可以节省的能源来自一些与化石能源有关的计算误差（accounting curiosity），这些误差长期存在，导致我们高估了水力发电和核能发电所需的一次能源量。尽管一次能源并不完美，却是一种衡量国家运转所需能源总量的有用方法。传统上，投入经济领域的主要能源，其计算方式是煤炭吨数、天然气体积和石油桶数。随着核能和可再生能源成为新的能源选择方案，什么是一次能源的问题就变得非常重要了。

20 世纪 70 年代，出于对缺水和干旱的担忧，科学家们计算出基于水力发电的一次能源量，作为需要向电网中补充的化石能源发电量，以取代因干旱而失去的水力设施发电。因为化石能源发电的平均效率只有 30% ~ 40%，这导致了对一次水电能源的高估，在能源计算中，这种做法一直延续至今。不可思议的是，在计算水力发电时，我们把水力设施的发电量除以化石能源组合发电的平均效率，这意味着我们多统计了 3 倍。这些都是用化石能源定义世界导致的古怪问题。

第二种计算误差来自我们如何计量基于核能发电的一次能源。美国以前建设核电站选择的是轻水反应堆，这种考虑出于与核废料相关的安全防护问题。在这种类型的反应堆中，虽然裂变材料中只能提取出 1% ~ 2% 的能量，但是这个过程避免了在反应链中产生危险或可用作武器的同位素。我们本可以使用像法国和德国那样的增殖反应堆，它们产生的可裂变材料可以弥补生产这些材料所消耗的能量，虽然这种反应堆造成一系列更加困难的安全和保障问题。美国能源部决定采用"热耗率"（heat rate）来衡量核电站的效率，而不是使用核能源转化为有用能源的效率。实际上，这只是电厂输出端蒸汽轮机的热力学效率,它忽略了反应堆中发生的过程。在美国摸索脱碳之路的大背景下,选择热耗率来定义一个核电站的效率,而忽略了其余98%我们未使用的能源,这根本不能反映核能的效率。

这些计算误差可能会误导人们认为能源系统中存在比实际更多的浪费,而忽视了利用核能的其他技术选择。

如果更正陷入化石能源思维泥潭中的计算误差,就会发现大约有8%我们认为需要的能源,根本就不存在。综合起来,仅仅是转换为零碳能源发电和采用21世纪的计算方法,从热力学效率和正确的计算中,就能节约23%的能源。这听起来很复杂,但至少结果是,一个没有化石能源的世界需要的能源,比我们想象的要少。解决气候危机,比你在阅读本书之前想象的要容易10%。

交通运输电气化可节省 15% 的能源

实现交通运输部门的电气化将为我们节省约15%的能源,这将是下一个巨大的能源胜利。目前,绝大多数汽车都使用燃油发动机,在将化石能源转化为有用的能源方面,燃油发动机的效率甚至比发电厂还要低。当燃料中的能量转化为汽车的动力时,效率只有20%左右。长途驾驶后,汽车引擎盖上散发的热量,就是这种浪费的一部分体现。老式路虎的发动机上可以煎鸡蛋,甚至有人在发动机舱放一个荷兰烤炉,一边开车一边炖菜!通过将所有的汽车和卡车电气化,我们将减少大部分的废热损失,并将驱动这些车辆的能耗减少1/3。

电动汽车已经成为主流。它们的价格越来越便宜,充电速度也越来越快。它们在性能、型号和其他选择项上不断发展。以目前电动车的改进速度来估计，我们只需几年就能获得续航 800 千米的电动汽车。除了极限越野和极其长途的出行，我们已经有了能够满足几乎所有用途的电动车。这不是是否能实现的问题，而是什么时候实现的问题。

减少化石能源的勘探、开采、提炼和运输可节省约 11% 的能源

化石能源的勘探、开采、提炼和运输，需要消耗大量能源，尽管我们几乎看不到它们。在零碳经济中，我们将不再需要消耗这些能源，这能节省约 11% 的能源。石油和天然气开采消耗了美国近 2% 的能源流量，天然气运输消耗 1%，采煤装置运转消耗 0.25%，通过铁路将煤炭从煤矿运到电厂消耗 0.25%，将原油炼成汽油和柴油消耗 3% ～ 4%，以上总计消耗了约 8% 的美国国家能源供给。让我吃惊的是，铁路运输中近一半吨位的货物是煤炭，另外一半主要是粮食，还有一些是汽车、机械零件以及少量的人。以上计算并不准确，因为我们还必须考虑用于战略储备的煤炭、天然气和石油的库存数量，这些数量各不相同，但我们可以总共节省约 11%。特别是，如果我们把从炼油厂向加油站运送燃油的油罐车的能耗，以及用于建造这些大型重工业所需的所有采矿和运输装置的能源消耗计算在内的话，淘汰化石能源，很可能会节省更多的能源。请记住，美国运输的化石能源的吨数与其他所有种类商品一样多（我将在第 17 章详细探讨这个问题）。

深思熟虑的读者可能会认为，这些节省下来的能源将被建造风力涡轮机、太阳能电池、储能电池、核电站、电网和取代化石能源工业的电动汽车工业所需的能源所抵消。但是，这些建设和运营所使用的能源在未来能源经济中所占的比例，很可能比今天的化石能源所占的比例要小得多。能源投资回报比（energy returned on energy invested），其缩写为 EROI（这个世界上最糟糕的缩写词），它描述了必须投入多少能源才能获得一定数量

的能源产出。我们刚刚看到化石能源的 EROI 是 7 或 8，一个单位的化石能源能得到 7 或 8 个单位的回报。从历史上看，化石能源的 EROI 并没有解释发电的低效，这使得它们看起来比实际更有效率。考虑到这一点，可再生能源能轻而易举地击败化石能源。[2] 虽然估算方法可能有所不同，但风能和太阳能的 EROI，大约是化石能源发电厂的 2 倍。随着制造商不断降低生产风能和太阳能技术的能源消耗，工程师不断地延长这类绿色装置的使用寿命，这种优势只会变得更明显。

建筑电气化可节省 6% ～ 9% 的能源

将家庭和办公室使用的供暖装置进行电气化能给新能源经济提供一个节省能源的巨大机会。对于低温热能，例如比人类皮肤热、但比沸水冷的热能，我们有一种令人惊叹、发展成熟的技术——热泵，它的性能大大超过了旧的供热方式。

今天，家庭和办公室的暖气和热水，通常是通过燃烧天然气或石油提供的，或者通过电阻加热元件供电来实现的。热泵的工作原理不同，它将来源丰富的热能，例如室外的空气源热能或者房屋地面下的地热能，集中到家用电器和空气调节系统中。这种温差使得它们能够更有效地运行，每单位能量输入提供的加热或冷却的能量是传统供热方法的 3 倍多。如果在美国大规模采用热泵，这些装置将再减少 5% ～ 7% 的总能源需求。

LED 照明也能为我们节省 1% ～ 2% 的能源。和电动汽车一样，在过去几年里，LED 技术在质量、性能和可用性方面，都已经发展得非常成熟。就流明① 而言，LED 的能量消耗是传统照明技术的 20%。更重要的

---

① 光通量的国际单位，符号为 lm。——编者注

是，它们可以持续工作数万小时，更换的频率也比传统灯泡低得多。当不需要照明时，可以通过集中控制和感应开关来关闭它们，这可以进一步节省电能。大量使用这些技术，可以再为我们节省 1% ～ 2% 的能源。

将不用于燃烧的化石能源考虑在内可节省 4% ～ 5% 的能源

目前，转化为日常使用材料的化石能源占能源消耗的 4% ～ 5%。它们不是被用来燃烧以提供电力的，而是被转化成人们熟悉的产品。一个常见的例子是柏油路，它部分是由沥青（柏油）制成，沥青是石油精炼过程中的副产品。在美国，85% 的屋顶（柏油瓦）都是由沥青制成的。塑料是用从天然气中提取出的材料制成的。煤中的碳被用来把熟铁变成碳钢。这些材料中大部分的碳，并没有以二氧化碳的形式释放到大气中，所以它们的能量消耗与眼下的气候讨论无关。虽然我们应该追踪它们的使用，但应该是在物质流动和可持续性这两方面的资源评估中，而不是在对能源经济的影响方面分析它们。

通过工业电气化，可能节省大量的能源，而我们甚至不需要在这里考虑对电气化经济带来的巨大好处。我将在第 17 章中更详细地介绍制造业碳减排及其对环境和成功应对气候危机的贡献。简而言之，这个领域充满了创新的机会，使我们的节能前景更加美好。

同样的舒适与便利，只需一半能源

当把上述所有这些节省下来的能源加起来，大约只需要今天使用的一次能源的 42%。这是相当了不起的。

除了电气化，美国不引入任何节能措施，就能将能源消耗减少一半以上。不需要调低恒温器，不需要缩小车辆，不需要缩减住房面积。不仅如此，电气化还是一个无悔的选择，我们还可以采用其他策略，如改变行为和我们通常称之为效率的东西，并看到进一步的收益。这就是为什么电气化是唯一真正的脱碳策略，也是为什么电气化能让我们从"应该做什么"的麻木状态中解脱出来，并使我们对那些提倡未来继续使用化石能源的人产生免疫反应。

有太多的人在用太多数据描述未来时过于自信。是的，可以说，我们可能只需要今天所需一次能源的42%，但是这些数据的统计可能过于粗糙了，未来的发展可能会改变这个数字。未来，人口将略有增长，我们将发明一些很酷的、新的消遣方式，但会消耗更多的能源，例如电动滑翔伞，有人想试试吗？同时，生活质量的提高，通常需要增加能源消耗。通盘考虑这些变量，我们可以很简单地说，如果在改善生活的同时，把所有东西都电气化，将只需要现在使用能源的一半。这就赢了。

赢得这场对抗气候危机的战争，也将意味着迎来一个更清洁、更积极的未来。当我们改用热泵和可储能的辐射式供暖系统时，房子会更舒适。虽然缩小房子和汽车也是可取的，但这并非绝对必要，至少在美国是这样。如果汽车是电动的，它们可以更有动感。家庭的空气质量将得到改善，公共健康也将得到改善，因为燃气灶会增加患哮喘和呼吸系统疾病的风险。我们不需要改变大规模的铁路和公共交通，不需要强制消费者去改变恒温器设置，也不需要要求所有喜欢红肉的美国人变为素食主义者。如果我们明智地使用生物能源，就不必禁止飞行。

简而言之，从生活中的主要物品来看，比如汽车、房子、办公室、火炉和冰箱，我们可以相当容易地识别出气候友好型的未来。所有这些物体都是电气化的。我们没有必要担心这样的未来，因为它可以节省成本和有利健康。哦，同时这也顺便解决了气候危机。

ELECTRIFY

第 7 章

如何利用可再生资源与土地生产电力

- 充足的可再生资源，可以轻松满足全球能源需求。

- 太阳能和风能将成为最主要的能源来源。

- 水力发电作为一种"巨型电池"，发挥着至关重要的作用。

- 生物能源很重要，特别是在航空运输等方面，但它们不能解决所有问题。

- 核能，虽然不是绝对必要的，但非常有用。

- 土地使用模式是成功脱碳的关键。

要让一切都电气化，美国将需要比目前生产的电量多 3 倍的电力。如今，美国电网平均提供 450 吉瓦电力。如果像我在前一章中描述的那样，让几乎所有东西都电气化，需要 1 500 ～ 1 800 吉瓦的电力，这个数量很大。如果只使用太阳能，那么所有的屋顶和停车位都装不下这么多太阳能电池板。如果在美国所有的玉米地里安装风力涡轮机，也只能满足一半左右的能源需求。为了说明这些数字的来源，我假设，基于风电场涡轮机标准间距布置的风力功率密度为 2 瓦 / 平方米，[1] 以及美国最主要的农作物玉米的总种植面积大约为 36 万平方千米。[2] 当然，增加风力涡轮机及配套基础设施，需要从作物生产中征用一小部分土地，这种数据对比方式提供了一种规模感，也强调了农业和农民对成功脱碳起到的关键作用。

好消息是能源并不短缺。通过大气层进入地球系统的太阳辐射量是 85 000 太瓦。1 太瓦相当于 1 万亿瓦，或者相当于 1 000 亿个 LED 灯泡的功率。这意味着，直射地球的太阳能远远超过了人类所使用的约 19 太瓦的能量。[3] 美国大约使用其中的 20%，即 3.5 ～ 4 太瓦的一次能源。

太阳是几乎所有可再生能源的主要来源，也就是可以持续补充的能源。太阳能是最主要的一次能源，只要有阳光照射，太阳能就会非常丰富。太阳加热空气，产生可以被涡轮机利用的风。风激起的波可以被波浪发电机捕获。太阳蒸发水分，形成云和雨水，注入河流后可以用来发电。正如我们都知道的，当走在夏天滚烫的沙滩上，太阳也在加热地面。这种来自大地的"地热"（geothermal heat）可以通过一种叫作热泵的技术在全年收集，用以保持建筑物温度的恒定。

非常容易与地热搞混的是一种与间歇泉、火山和温泉更接近的能源，也被称为"地热能"（geothermal energy）。这些类型的地热能不是来自太阳，而是来自地球形成时留下的余热，另外还有一些来自地球内部放射性物质衰变产生的热量。极热的岩石就是这样产生的，我们可以通过钻探获得其热量，使其产生蒸汽，从而驱动涡轮机发电。水平钻井和相关的水力压裂技术，可以用于获取更多这种资源。事实上，在美国地下 5～10 千米处，这类资源的数量令人吃惊。但这项技术还远未被证明具有成本效益。

太阳对光合作用也是至关重要的。光合作用产生有机燃料，如木材、藻类、草类以及其他生物质，这些有机燃料可以转化为生物能源，为像长途航空等难以脱碳的部门提供能源。事实上，世界上所有的化石能源都是非常古老的生物能源，它们在地下经过漫长的掩埋和集聚转变而成。

我们将使用哪种能源

考虑到美国的能源需求规模，我们必须尽可能在任何可以发电的地方发电，同时需要懂得，有些能源比其他能源更易得、更便宜、更方便。美国的一些地区有更好的风能，一些地区有更好的太阳能，而一些地区两者都不具备，可能需要一些核能。在有河流的地方，水力发电至关重要，目前水力发电为美国提供了近 7% 的电力。在有海洋的地方，波浪能和潮汐能可以在海洋边缘发挥作用，离岸的海上风很可能是来自海洋的最主要能源提供者。

美国目前可使用的太阳能、风能和核能资源远远超过美国的能源需求。太阳能和风能最便宜，而且比核能更简单。关于未来能源供应的争论事关重大，以至于当斯坦福大学的马克·雅各布森（Mark Jacobson）和他的同事提出，世界可以 100% 依靠水能、风能和太阳能运转时，[4] 在气候和能源领域引发了一场巨大的骚动。[5] 对雅各布森等人的提议的反驳似乎恶毒了些，[6] 即使按照学术界狭隘的标准来看也是如此。对这一反驳的反驳更加恶毒，[7] 其中夹杂了更多的恶意。[8] 这场争论的结果最终以一场官司告终。我相信历史会站在雅各布森一边，我们将能够通过水能、风能和太阳能技术做到这一点，其他人也同意我的观点。[9]

雅各布森提议的批评者认为，在一个完全可再生能源的世界里，我们无法获得所需的可靠性。我将在下一章正面解决这个问题，我们有充分的理由可以相信，将这些间歇性能源转化为可靠的能源供应比想象的要容易。我对这场小题大做的学术风暴的评论是，每一个参与争论的人都应该更多地关注供需关系的两侧，也就是说，我们绝对需要综合考虑供给和需求两个方面。雅各布森或许过于反对核能，但他的批评者却过于反对未来。

我们幸运地拥有足以满足需求的零碳能源，如果合理地利用这些能源，我们甚至可以扩大需求。核能是不可再生的，世界上只有有限数量的可裂变材料（主要是钍和铀）。[10] 最乐观的估计是，剩下的裂变材料还可使用 200～1 000 年，这取决于它需要满足的供应量是多少，以及美国是否坚持采用不产生可武器化副产品的轻水反应堆，或者是否会转向采用能产生可武器化副产品的增殖反应堆。虽然美国不使用核能也能过得去，但是在没有足够土地支持风能和太阳能基础设施的地方，核能对我们来说是可用的、有用的。

无论脱碳方案的细节如何，太阳能和风能都将完成这项艰巨的任务。要迅速地将化石能源驱动的世界转变为主要由电力驱动的世界，一条无悔之路是：将可再生能源（太阳能、风能、水电、地热）作为主要能源，将适度的核能和一些生物能源作为后备能源。

这些资源的分配在地理上是不同的，在很大程度上，这将取决于市场力量和关于土地使用的公众意见。电力系统的细节和地理分布将取决于我们如何储存电力，以解决可再生能源的可变性，我将在第 8 章中讨论这个问题。

电气化需要使用多少土地

当转而使用可再生能源后，美国的情形必然会与以往不同。在城市、郊区和农村地区，太阳能电池板和风车将得以普及。例如，用太阳能为全美国供电，将需要占用大约 1% 的土地用于太阳能收集，大约与目前用于道路或屋顶的面积相同（见图 7-1）。屋顶、停车场，以及商业和工业建筑都可以兼任太阳能收集器。同样地，我们也可以在同一块土地上，既种植庄稼又进行风力发电。

正如我们看到的，要使美国的一切都通电，需要 1 500 ～ 1 800 吉瓦的电力。用太阳能生产这些电力，大约需要 6 万平方千米的太阳能电池板。我认为一个真实的填充比（太阳能覆盖地面的百分比）为 60%，光伏电池效率（入射太阳能转换为电能的量）为21%，容量系数（一天中接受充足阳光的有效百分比）为24%（欢迎大家检查以上数据）。所以，要得到1 500～1 800吉瓦的电力，美国需要6万平方千米的土地，或者说1兆瓦大约占地4万平方米。如果仅利用风能生产相同数量的电力，大约需要40万平方千米的土地来安装风力涡轮机。这里给大家一个参考数据：美国国土面积约为937万平方千米。

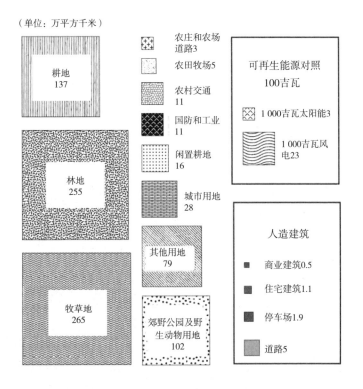

（单位：万平方千米）

耕地 137

林地 255

牧草地 265

农庄和农场道路 3

农田牧场 5

农村交通 11

国防和工业 11

闲置耕地 16

城市用地 28

其他用地 79

郊野公园及野生动物用地 102

可再生能源对照 100吉瓦

1 000吉瓦太阳能 3

1 000吉瓦风电 23

人造建筑

商业建筑 0.5

住宅建筑 1.1

停车场 1.9

道路 5

图 7-1　美国土地利用情况

注：美国的土地利用区域总共约900万平方千米，包括足以使整个美国运转的可再生能源可利用区域，但是不包括适合风力发电的近海地区。

有些人说，我们可以在亚利桑那州的沙漠中心建造太阳能电站，为整个美国供电。但实际上，因为长距离电力输送和短距离电力配送的费用问题，这种做法并不能奏效。可再生能源装置将随处可见，因此将太阳能和风能发电与占用土地的其他发电方式进行比较，将更有说服力。因为利用太阳能和风能来为国家提供能源需要占用大量土地，所以可以兼任两项工作的物体表面和活动区域是值得关注的。

我们先来看看太阳能。在表 7-1 中，我展示了美国所有屋顶、道路和停车位的面积，列出了可以用于安装太阳能电池板的所有地方。显然，关于如何有效利用这些地方进行可再生能源发电，还有很多细节需要考虑，这里列出的数字只是为了比较。例如，用太阳能铺路引起了很多关注，但这不是一个好主意，因为在太阳能电池上驾驶汽车会污染和糟蹋它们。比较好的考虑，是在高速公路中间地带、在道路和停车位上方安装或架设太阳能电池板。

表 7-1　美国各类人造建筑所占用的土地面积

人造建筑	面积 / 万平方千米
商业建筑（600 万栋）	0.5
住宅建筑（1.2 亿栋）	1.1
道路（1 416 万千米）	5
停车位（10 亿个）	1.9

所有这些应用场景加起来总计 8.6 万平方千米。如果只使用太阳能来生产所需的所有电力，我们将需要近 6 万平方千米的太阳能电池板，超过可用屋顶、道路和停车位面积总和的 2/3。显然，我们需要把太阳能电池板放在任何我们能安装它们的地方。

有一个环保主义阵营认为，我们将用分布式（屋顶或社区）太阳能为世界供电，但是这些数字只是说明了一个简单的事：我们需要采用所有可以利用的分布式能源，而且还需要实现太阳能和风能的工业化安装。

幸运的是，我们还可以依靠丰富的风能资源。让我们来看看可以在哪里安装风力涡轮机。这些地方同样可以身兼双职，既可以做农田和牧场，也可以用于风力发电。让我们看看表 7-2，它显示了美国的土地使用情况。

表 7-2　美国土地的使用情况

人类活动使用土地	面积 / 万平方千米
耕地	137
闲置耕地	16
农田牧场	5
牧草地	265
林地	255
农村交通	11
郊野公园及野生动物用地	102
国防和工业用地	11
农庄和农场道路	3
城市用地	28
其他用地	79

资料来源：Daniel P. Bigelow and Allison Borchers, *Major Uses of Land in the United States, 2012*, EIB-178, US Department of Agriculture, Economic Research Service, August 2017。

美国有大量的农田可以用于安装风力涡轮机。闲置的农田是安装风力涡轮机的理想之地，或许还能为农民创收。我们也拥有大量的草原和牧场，同样适合安装风力涡轮机。如果我们留出土地用于城市、交通、国防和工业、郊野公园和野生动物用地，以及森林等，还有 26 万平方千米的土地可以用于风力发电。由于盛行风和政治因素，有些地方会比其他地方更容易受风的影响。

有了太阳能和风能，就没有"别在我家后院"的问题。想想看，化石能源无处不在，污染着每家后院的空气、水和土壤。在过去的几十年里，我们已经学会了适应环境的许多变化，例如，从电线和高速公路到公寓和购物中心的变化。今后，我们也将不得不使用更多的太阳能电池板和风力涡轮机。这种变化的结果是：我们将拥有更清洁的空气、更廉价的能源，最重要的是，我们将为子孙后代保存土地和景观。我们必须在土地使用和能源需求之间取得平衡。

如何利用核能

核能可以使用而且确实有效，然而 50 年的争论已经过去，我们仍然没有在处理核扩散和核废料问题的最佳方式上达成一致。核能并不像人们曾经预测的那样使"电力便宜到无须收费"；[11] 事实上，它可能比可再生能源更贵。核能的确切成本取决于谁来回答这个问题。例如，某一特定工厂的运营成本可能非常低。但许多人认为，成本应该包括维持一个安全的核电站所需的军事和处理费用，这将大大增加成本。这类冲突的例子还有很多，所以什么是核能真正的成本成为一个相当有争议的问题。

不过，核能一直是一种可靠的基荷电力（baseload power）来源。基荷电力是指电网服务区域中最可靠的能源，最不可能失去或关闭的电源。但是，专家们现在经常争论，基荷电力是否像以前认为的那样重要。[12] 事实上，我们将在第 8 章详细讨论这个问题。我们需要的基荷电力可能比想象的要少，甚至根本不需要，这是基于如下 4 个方面的考虑：电动汽车本身的电容量，房屋和建筑物中可转移的热量，商业和工业部门转移和存储能源的机会，以及后备生物能源和各种电池的潜在容量。

美国大约有 60 个核设施和 100 个反应堆，它们已经提供的发电量约占总发电量（约 450 吉瓦）的 20%（约 100 吉瓦）。问题是，核电站的规划和建设需要几十年的时间。2016 年，瓦茨巴核电站 2 号机组（Watts Bar Unit 2）并网发电，它从建造到并网花了 43 年的时间。[13] 这是美国自 1996 年以来第一座新建核反应堆。[14] 目前只有相对少数的核电站正在规划中，而且快速扩大核能规模是很困难的，这主要是由于政治原因，而不是固有的技术限制。

另一个未被重视的问题是，目前的核电站需要河水或海水来冷却，这最终会使水温升高到对鱼类和植物有害的水平。美国 2/5 的淡水都要经过热电厂的冷却循环。在许多州，没有足够的冷却水来安装更多这种电厂。使用现有的技术，我们规划的核电数量可能只有已经部署数量的 2～3 倍，因此只能提供 1 500～1 800 吉瓦总目标的 10%～25%。

美国可以尝试更快地建造核电站。我们还可以通过改变监管环境来降低成本，因为建造核电站的贷款利率可能会增加大量成本。我们可以开发下一代核技术。我们可以利用生产技术的大规模应用和规模经济来降低成本。但这只是很多的假设，在可再生能源和电池储能结合以能够证明其更具成本效益和政治优势之前，美国不太可能将这一切付诸实际。

核电的问题如此之多，以致日本关闭了核电站。德国也是如此。这并不是因为核能行不通（它确实有效），而是因为围绕着核能的社会、政治、生态和经济问题，使得它在扩大世界能源容量方面面临着漫长而艰难的道路。我们别忘了，它比太阳能更贵。

美国能源部自己也设定了目标。到 2030 年，屋顶太阳能价格为每度电 5 美分，商业太阳能每度电 4 美分，用于公共事业的太阳能为每度电 3 美分。[15] 然而，出于国家安全的考虑，美国不太可能消除核能。除非完全裁减军备，否则想象美国完全放弃核能是不现实的。为了应对气候危机，最可能的情况是，美国将略微增加核裂变发电量，但它可能不会成为主要能源，我在前面已经解释了所有的原因。在其他人口密度非常高或缺乏可再生资源的国家，核能或进口可再生能源（很可能是电力，或可能是氢及类似的东西）是唯一现实的选择。

所有这些可能会让你想知道我对核能的看法。如果我是世界之王，我宁愿没有它，生活也更简单些。鉴于我不能把这个观点强加给自己的人类同胞，切实地说，我认为核能在未来世界将会有一席之地。但是，我认为，如果不加大对核技术改进、核废料处理和核安全的投资，增加核能是不负责任的。

但我可能会被说服。在写这本书的过程中，我与比尔·盖茨资助的一家核聚变能源公司的创始人进行了交谈。他们和我一样，都曾就读于麻省理工学院。我认为这家公司有一条可行的途径来发展核聚变能源，但他们自己也承认存在时间和成本的挑战。如果我们相信他们声称的每度电 5 美分的发电能力，以及他们在 2032 年安装第一个原型机的计划，那么他们提供的产品仍然有点昂贵，而且太迟了。我希望核聚变能成功，而且我认为它会成功的。但我确实觉得这个想法有点可怕。科学技术史学家乔治·戴森（George Dyson）① 是一位出色的思想家和作家，也是物理学家弗

---

① 科学技术史学家乔治·戴森是一位出色的思想家和作家，他的著作《图灵的大教堂》呈现了始于 20 世纪中叶的计算机发展史，该书中文简体版即将由湛庐引进出版。——编者注

里曼·戴森（Freeman Dyson）的儿子，他提出了这样一个问题：如果能源便宜到我们可以随心所欲地移山填海，人类将会做什么？我担心我们会以一种让世界变得可怕的方式主宰自然（想想核聚变推土机的后果吧）。

是的，而且……

我们需要多样化的能源，所以不要接受单一的答案。我们可以通过"是的，而且……"这样的思考方法来摆脱关于如何脱碳的争论。是的，而且如果我们能让这些能源技术得到大规模应用，我们就应该这么做。这适用于可再生的液体燃料，如氨、机载风能、低能核反应、冷聚变，以及任何其他可能从类似的创造性思维中产生的东西。是的，而且如果更便宜的生物能源、合成燃料或氢可以形成储存机制，它们就能加入这场盛宴。

"是的，而且……"这种思考方法允许技术进步，包括碳固存或核聚变，或者更令人难以置信的创造——如果我们投资于正确的研发并且我们有点幸运的话。但是，正如我所说的，依靠奇迹已经太迟了，也太危险了。任何用于其他项目的宝贵资金，都不会用于我们已知有效的零碳解决方案。"是的，而且……"这种思考方法也能避免那些分散脱碳领域主要参与者注意力的争论，同时允许其他技术都可以做出微小但至关重要的贡献。

除了怀疑或似是而非的态度，没有任何物质和技术限制我们使用可再生能源。现存的最大障碍来自同一个根源：惰性和对当前做事方式的固执坚持。这表现为化石能源补贴和大规模的误导宣传活动。这也被旧的做法所掩盖，比如国家支持的公共事业单位垄断，为大型项目提供低利率，而不是给那些需要将燃气热水器换成太阳能和热泵的消费者提供低利率。

我们需要权衡。更多的核能意味着使用更少的储能电池，但存在更多的公众抵制，很可能还有更高的成本。更多的太阳能和风能，意味着利用更多的土地。我们不能承受的是计划毫无进展，因为我们在开始之前就浪费很多时间争论这些问题，或者因为我们正在过度投资无法充分扩大规模的技术。考虑到气候状况的紧迫性，真正的技术检验标准应该是："目前已经准备好大规模发展了吗？"

我们需要现在就行动起来。

ELECTRIFY

第 8 章

如何利用可靠电网让电力持续运营

- 可再生能源是间歇性能源，但它们之间存在互补性。

- 任何可以储存能量的东西都应该被用来储存能量。

- 当太阳升起或风吹起的时候，尽可能用太阳能或风能满足能源的终端使用需求。

- 给以前没有电气化的部门供电，使电网的平衡变得更容易。

- 我们需要与邻居共享电力，并可以向朋友借电。

- 我们需要扩大长距离输电基础设施的建设，实现跨区域输送电力。

- 就像化石能源的基础设施一样，过剩生产也会带来巨大的成本效益。

- 我们迫切需要电网中立，以使 21 世纪的基础设施产生最大效益。

我们已经确定了需要多少能源，从哪里来获取这些能源，以及如何在不放弃任何东西的前提下让人们生活得更舒适，而不是与糟糕的空气和肮脏的地下水源生活在一起。正如你将看到的，如果我们能适当地为电气化融资，电气化的成本将会便宜得多（第 10 章），并将创造数以百万计的就业岗位（第 15 章）。那么，为什么我们还没有尽快地将所有东西电气化呢？

那些抵制脱碳方案的人，通常是继续燃烧化石能源的既得利益者。另一些人只是不喜欢改变。这些"老古董"经常以批评的方式来表达他们的反对意见：可再生能源是间歇性的、昂贵的、不可靠的。他们认为，可再生能源最致命的是与持续供电的特性不相容。因为可再生能源的输出是波动的，会随着天气、季节以及昼夜的变化而变化，批评人士担心可再生能源的电力供应跟不上需求，会导致限电或断电。

的确，我们已经习惯了按下一个按钮，炉子就能做饭、灯就会亮；打开水龙头，水就是热的。20 世纪电网所建立的可靠性，属于一项大交易，公共事业单位获得垄断权，作为交换，公共事业单位保证 1 天 24 小时、1 周 7 天、全年 365 天的发电可靠性，并尽可能为所有人提供供电服务。这种交易在整个 20 世纪都运转得很好，但它给我们留下了参差不齐的激励机制：既不能激励能源部门去脱碳，也没有足够快地推动创新以应对气候变化。[1]服务于另一群美国消费者的农村电力合作社也有自己的一系列挑战需要面对，这些挑战同样会阻碍我们迈向孩子们应得的更美好的世界。

当我们期望有永远可用的电力时，可再生能源的使用产生了多个问题。我们面临着 1 天 24 小时、1 周 7 天的昼夜循环的全天候用电挑战，因为天黑时我们需要光。我们还面临全年 365 天的季节用电挑战：冬天——气温最低的时候，我们需要更多的热量；夏天——气温最热的时候，我们需要开空调。

我相信，我们已经有了应对这些挑战的答案，虽然实现它们并不容易，但解决方案比你预想的要简单。21 世纪的商业巨头是建立在物流商品化基础上的，我们也需要为能源系统做同样的事情。尽管还有很多工作要做，但我们必须朝着所需要的清洁能源未来全速前进。

要满足每分钟、每小时、每天、每个月的用电需求，我们需要调动所有的聪明才智。很幸运，美国拥有很多创造力，我们现有的想法已经可以解决大部分问题。我们还将发现彼此之间的互联互通至关重要，因为平均效应、地理效应、电力的流通和存储容量，是确保电力可靠的唯一现实途径。

本书勾勒出通往"是的"的道路，这样我们就可以为之奋斗。我想提供足够的细节，使过多的怀疑论者信服。让我们来看看构建 24/7/365 可靠电网的诀窍。

这是脱碳过程中最困难的问题。这不是登月工程的"难"，而是将许多事情协调起来的"难"。是不是听起来很熟悉？最初建立互联网时，我们也面对同样的"难"。

正如我之前所展示的那样，我们可以从可再生能源中获得美国所需的 1 500 ～ 1 800 吉瓦电力中的大部分。值得提醒的是，这也意味着我们生产和输送的电力要达到目前电力供应量的 3 ～ 4 倍。我们不会通过调整旧的电网来做到这一点，而是需要用 21 世纪的新规则和类似互联网的技术重建电网。

构建 24/7/365 可靠电网面临的问题

当代美国家庭会使用各种能源服务。一天内的不同时间对能源的需求各不相同。大多数家庭早上需要的能源比日间更多，因为早上要淋浴、洗衣和用早餐。晚上也需要更多的能源，因为要照明、加热和制冷、准备食物、洗碗和娱乐。人们白天外出，家里能源需求会下降，尽管办公室和工业建筑中的能源需求会上升。当我们外出的时候，一些电器仍然是开着的，比如：冰箱、一些灯，以及像有线电视盒、无线路由器、时钟和计时器这样总是开着的设备。我们早上电量需求很大，中午会有一阵间歇，晚上的电量需求更大，最后夜间需电量下降为一点点。

除了每小时电量需求的变化外，还有因天气波动、季节更替造成的电量需求的日变化。

现在，不同地区的能源需求不同，这些能源由天然气、电力、丙烷、木柴和石油等组合而成。将这些能源都改为可再生能源，将解决碳排放问题，但也会带来巨大的电量变化。想象一下，一个家庭的汽车、热水器、炉灶和干衣机都电气化了。白天全家人都外出了，家里的用电量很小。他们在太阳落山后回来，爸爸在电炉上煮晚餐的同时，妈妈开始洗衣服。一个孩子跳进淋浴间洗掉一天活动的尘污，而另一个孩子在外面的雪地里待了一天后会把家中的恒温器温度调高。两辆车都被插上电源进行充电。下午 3 点几乎不用电的家庭突然启动了 20～50 千瓦的电器，所有人都在要求他们所需要的那一份电量。这是电量变化最极端的情况。

当一切电气化后，与热量相关的用电量显得"又大又重"。从文化上讲，人类喜欢高温烹饪，厨具制造商也喜欢吹嘘自己拥有高性能的炉子。热泵非常高效，但同样也有非常高的瞬时用电量。空调是众所周知的能耗大户。烘干衣服也是一个高能耗的过程，因为它需要大量的工作来甩干和蒸发掉所有的水分。如果我不在这里支持晾衣绳的好处，我的妻子和父亲会认为是不负责任的，晾晒衣服使它们更耐穿、更好闻，更不用说这是一种利用免费太阳能和风能的绝妙方式。顺便说一句，它还突显了澳大利亚最自豪的发明之一，太阳能驱动的户外晾衣绳！

我们已经学会了如何给燃油汽车即时加油。已经换成电动汽车的消费者会知道电动汽车需要一个非常大的电路来快速充电。在一个典型的 30 安电流和 120 伏电压的电路中，电动汽车每充电 1 小时只能跑 16 千米左右。这就是为什么人们使用更高的电流和电压来为汽车充电——通常是 40 安和 230 伏，按这个充电速度，充电 1 小时可以行驶 40 千米。有些人正在推动 480 伏的"超级充电桩"。

我在我现在的房子里安装了传感器，来观察所有的用电设备是如何工作的（见图 8-1）。如果我们看看每分钟用电的分布情况，会发现这完全是疯狂的。在晚上，可能会有一盏夜灯开着，然后偶尔冰箱的压缩机打开，房子的用电量甚至还不到 100 瓦。然而，如果我们给两辆车充电，使用电磁炉做饭，启动洗碗机和烘干机，并打开房子和水的加热系统，房子就需要 25 千瓦左右的电量。同时运行所有这些东西似乎是个坏主意。

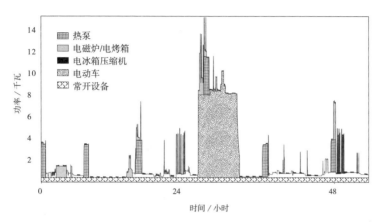

图 8-1　某栋住宅的用电量分布图

注：这张 2020 年 3 月 10 日至 11 日的用电量分布图，凸显了我们全电动未来的挑战。

电网处理像我这种独栋房子的用电量变化是很困难的。如果我的房子是唯一连接电网的房子，电网就不能满足我的用电量。燃煤或燃气电厂"旋转起来"需要时间（旋转起来是指让产生电的发电机运转起来）。如果我的房子是电网上唯一的房子，我会轻按电灯开关或者打开电视，等 1 个小时，直到煤电厂烧上炭，开始给我供电。这就是为什么考虑众多家庭和我们的平均用电量是有用的。

不是所有的家庭都是完全一样的，如果我们把每个家庭连在一起，人们在不同的时间做饭和洗澡，用电量可以趋于平衡。但是，尽管把所有家庭每分钟的变化都计算在内了，用电需求在一天中仍然是变化的，就像交通！有些被称为电网运营商的人，他们仔细规划和管理连接到电网的发电装置，给我们提供源源不断的电力供应。他们花时间去匹配供给（发电）和需求（用电）的平衡。当这个平衡出问题时，我们会被限电或者断电。用电管理是至关重要的，不仅是对当前的电网，尤其是对未来的电网而言。我们依赖彼此的用电需求，这种平均效应使得今天的电网得以顺利工作，而这种互联性将在未来变得更加重要。

总的来说，用电需求曲线可以让我们看到所有个人住宅的 24 小时、7 天的用电量变化。图 8-2 展示了一组家庭 24 小时的用电量变化：在早晨，有一个小高峰，午间会暴跌，傍晚当每个人都回家时用电量大幅增加，夜晚又有一个下降。

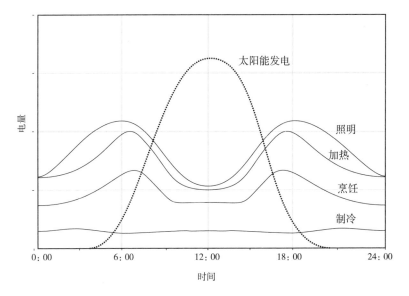

图 8-2　一组家庭 24 小时的用电量变化

注：如果我们计算出一组家庭开灯和烧开水的准确时刻，就可以得到这幅关于家庭用电情况的图，我们还在上面叠加了太阳能发电曲线。

加利福尼亚州拥有先进的能源政策，并且像许多事情一样，也是绿色能源的早期采用者。越来越多的人在他们的屋顶上安装太阳能电池板，并以"电表后"（behind-the-meter）的方式使用它，这意味着他们在一天的中间时段可以满足自己房子的用电需求。这与典型的每日用电量曲线不匹配，这种不匹配表现为图 8-3 中的"鸭子曲线"。这个曲线很出名，因为它看上去像一只鸭子。越来越多的人在屋顶上安装太阳能装置生产电力，太阳能在午后达到顶峰，然后在傍晚和夜晚用电需求急剧上升时下降。每年，我们在"电表后"放的太阳能电力越多，正午从电网获取的电力就会越少，"鸭子"的肚子也会变得越胖。

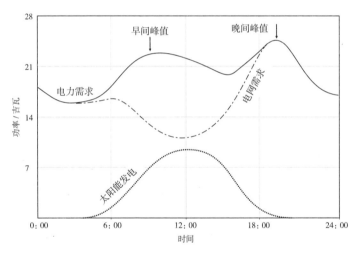

图 8-3　鸭子曲线

注：该曲线显示了"电表后"太阳能对加利福尼亚州电网需求的影响。每一年，随着更多的太阳能装置安装在屋顶上，"鸭子"的肚子也变得越来越胖。

鸭子曲线这类情况并不是出现在电气化新世界中唯一的供需挑战。此外，还有季节性问题带来的挑战。夏天阳光更多，冬天风更多。几千年前，人们就知道这一点了，从美国所有的风能和太阳能发电厂收集到的数据，也可以体现出这一点（见图 8-4）。

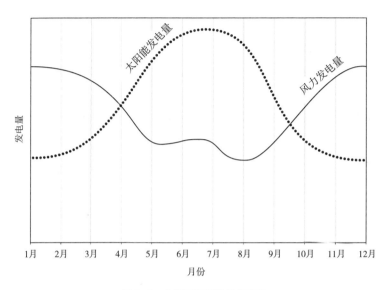

图 8-4 太阳能和风能的年变化

注：我们能够直观感受到太阳和风的季节变化。

除此之外，在冬天，我们需要更多的热量；在夏天，我们需要经常开空调。事实证明，在夏天，我们开车稍多一些；在冬天，因为我们待在室内的时间更长，家里的所有东西都需要使用更多的电力。这些现象表现为季节性用电量分布，我们可以通过查看美国能源信息管理局编制的年度数据来确定，这些数据包括用电量、石油使用（主要是运输）和天然气（热，但也有电）等情况。[2]

所以 24/7/365 问题是显而易见的：用电量每时每刻都在变化，每天都在变化，每个季节都在变化。然后问题就变成了：我们如何解决它？

平衡供需关系

很少有人会真正回顾整个能源发展的图景，以解决能源供需匹配的问题。很不幸，这并不是所有人的岗位职责。在能源世界中，大多数人只关注与他们自己相关的那一小块，比如：交通燃料、电网平衡或天然气供应。为了相信我们所寻求的未来是真正可能的，我们需要同时关注所有的能源流向，我们需要知道如何将非电力能源，例如用于加热的天然气，转化为电力。只有这样，我们才能权衡所有能源的使用。我们将看到，目前已有的想法将解决大部分问题；我们也将看到，人们彼此之间的互联互通至关重要。

平衡供需关系方法 1：利用电池储能

要解决用电变化问题，需要以电池为主要形式存储大量的能量。每个人都知道这一点，但我们需要更深入地思考，电池是什么？

美国将不得不为可再生能源建立大量的储能设施。在化石能源的世界里，我们已经有了大量的储能设施。天然气储存在巨大的地下洞穴中。美国有大约 12 亿立方千米的天然气储存容量，[3] 这大约是美国一个月的供应量。

南加利福尼亚州臭名昭著的波特牧场（Porter Ranch）天然气泄漏事件就发生在一个储能设施上，导致了大量甲烷这种强效温室气体泄漏。美国在路易斯安那州和得克萨斯州的战略石油储备有数亿桶，但这仅仅是美国大约 30 天的消耗量，也足以证明我们到底用了多少桶油！大多数煤电厂会储备够 1 个月发电量的煤炭。[4] 这些储能系统需要在面对波动时平衡供需变化，无论是遭遇寒流、管道受损，还是石油禁运。

提供可靠电力的最直接方法是建立储能基础设施，使我们能够在有电力供应的时候储存额外的电力，在需要的时候将其取出来使用。

化学电池，就像你可能马上想到的 5 号电池一样，可以直接储存电力。它们相当昂贵，但成本一直在快速下降。在 2010 年，锂离子电池每储存 1 度电的价格超过 1 000 美元，在 2019 年，其价格降至每度电 150 美元，预计到 2024 年将跌到每度电 75 美元。[5] 因此，大规模部署电池正成为一种现实的可能性。化学电池最擅长的是平抑电力的短期或日常变化。它们能储存 1 小时、1 天或 1 周的电量，但不能储存一个冬天的电量。正如前面所说的，如果我们 1 年只充电和放电一次，它们的成本出奇地高，可能需要 1 000 年的时间才能收回资金的投入！

不仅如此，现代的锂电池也只能循环使用大约 1 000 次，寿命很短。即便它们可以进一步推广，成本也很高，每个储存周期的成本为每度电 10 ~ 25 美分。但重要的是，如果制造商们能够将电池循环寿命延长 2 倍或 3 倍，将使每个储存周期的成本降至每度电几美分。

当屋顶太阳能和电池储能的总成本击败目前电网的成本时，能源的游戏规则将发生永远的改变。我那些看好电池的朋友认为，电池储能成本低于电网输电的那一时刻意味着能源奇点的到来。对此，我并没有那么乐观，虽然它将从根本上改变能源经济的形式，但我们仍然需要电网和其他平衡能源供需变化的手段。在某些市场中，这一时刻已经到来，或即将到来。请记住，美国电网输送电力的平均成本是每度电 13.8 美分。如果屋顶太阳能价格能达到澳大利亚的每度电 6 ~ 7 美分，如果电池每个储存周期的价格同样能够实现每度电 6 ~ 7 美分，那么，我们将到达那一点，即电池储能的用电成本能够打败通过电网输送电力的用电成本，而且不需要大量投资，就可以逐步建立起这样的基础设施。如果我们能将电池的成本再减少一半，将循环寿命增加 1 倍，我们就能进入那种未来。这只是时间问题。如果我们朝这个方向加速前进，就将推动未来发生改变，并取得更好的气候结果。

考虑到电池目前很贵，而且永远不会免费，我们应该考虑日常生活中所有需要电池或可以用作电池的东西。电动汽车的电池就是一个巨大的存储机会。如果美国的 2.5 亿辆汽车全部电气化，它们的存储容量可以达到 20 太瓦时，这些就足以平衡电气化新世界每天的用电变化。按照我们的假设，每节电池 80 千瓦时，足够行驶 300 ~ 500 千米，2.5 亿辆电动车就是 20 太瓦时。鉴于汽车使用频率很高，我们不会用尽它们的电池容量，但电网仍将从它们的储能贡献中受益匪浅。

除了美国的汽车电池，在 1.3 亿户家庭和 500 万幢商业建筑中有大量热水器、冰箱、空气调节系统，所有这些都可以用来储存能源。这种类型的电池是热储能，也就是说它们不是直接储存电力，而是在冰箱或空气调节系统中将能量转换成热（或冷）。在未来，当我们正午有多余的太阳能时，将其储存起来至关重要，因为可以用这些能量保持冰箱的低温和房屋的夜间温暖。这样做不激进，也不昂贵，当电很便宜的时候，人们已经开始使用热水器，并储存热水以备后用。

我们需要尽可能多地发现和利用这些机会。例如，洗衣机和烘干机大小的廉价储热系统可以为每户家庭额外储存 25 度电，放眼整个美国就是 3 太瓦时的电量。已经有一些公司在销售用于空调的蓄冷系统。我们可以在能源便宜的时候将水冷冻，然后在一天中气温较高、电力较贵的时候使用以这种形式储存下来的"低温"。

我们还有其他类型的电池。抽水蓄能是一种机械形式的"电池"。当有风或有太阳发电的时候，这些抽水蓄能系统利用电力将水抽到上游。当太阳下山、风停止的时候，让水返回下游并经过涡轮机产生电力。抽水蓄能很便宜，可以与我们现有的水力发电基础设施一起工作。目前，我们95%的并网发电是通过抽水蓄能来储电。它适用于中短期储存，但是目前的水库不够大，无法满足我们季节性用电量的差异化需求。还有其他机械形式的储能方式，例如：飞轮、压缩空气和氢气。由于许多原因，它们不太可能成为电网级储能的主要参与者，所以我们将在本书的附录A中讨论它们。

使用生物能源来弥补用电需求的季节差异也很有意义。以木材为例，这是大家几乎都知道的生物能源。我们过去用绳子来测量木材，一堆1.2米×1.2米×2.4米的木材为1捆。通常认为，一所房子过冬需要3捆木材。森林在最少的管理下，每0.4万平方米森林每年可以持续生产1捆木材，如果稍加投入，每年可以生产1.5捆木材。如果每个人都有2万～2.4万平方米的森林，就根本不会有冬季储存能量的问题，但可能会有空气质量问题。正如我亲爱的老朋友戴维·麦凯所说："对于森林居民来说，有木材；对于其他所有人来说，有热泵。"[6]我并不是建议重新使用木材，虽然在使用得当的情况下，木材可以是一种碳中和的冬季供暖方式，但不是对每个人都适用，也不是在全国范围内都适用！

我们可以从冬季的木材出发，进一步想象：数量可观的生物废料其实可以成为潜在的冬季"电池"。农业、污水、食品和林业的废料都可以成为"电池"，如果我们将它们作为一种生物能源储存起来，那么它们就很容易弥合夏季和冬季的用电量差异。这些废弃的生物能源是一种资源，相当于我们目前能源供给的10%左右。生物能源在多大程度上能够成为我们季节性电池的一部分，将取决于技术、经济和政策的具体情况。

在电网上、电表后使用各种各样的电池，是 24/7/365 可持续发电成为现实的必要条件。

储能并不是平衡供需关系唯一的途径，单靠储能是不够的。另外两种方法是需求响应（demand-response）和过剩生产（over-capacity），它们可能都比电池便宜。

电气化可以稳定用电量

正如互联网是用户越多越好，电气化的东西越多，平衡电网也就越容易。

美国正在让一切电气化，除了家庭，我们也正使交通运输部门、商业部门和工业部门电气化。这些部门的用电量比家庭用电量大，正如平均所有家庭的用电量会使电气化的进程更容易，使所有部门电气化并将它们连接到新的 21 世纪电网上，也是如此。

我们去工业或商业部门工作，也仍在持续用电。

我们关上家里的灯，却启动了工作场所的电脑、收银机和生产线。利用这一点，可以进一步平衡我们的用电量需求，并且使用可再生能源来满足它们。

我们需要深入地思考能源、文化和社会之间非常重要的联系。由于煤电厂造价昂贵且难以关闭（因为它们需要长达 8 个小时才能重新启动），所以我们让它们整夜运转。正因为如此，我们才得以在夜晚也有多余的廉价电，历史上人们利用这些电来烧热水。为了消耗掉这些廉价的能源，于是我们夜里也开始用电。我们改变了能源系统,能源系统也改变了我们。仔细想想,这在一定程度上形成了今天的拉斯韦加斯!

为了解决夜间廉价电力的消耗问题,重工业设立了夜班,这样就可以在夜间使用这些电力。在一个由太阳能和风能提供能源的世界里,我们将有机会重新审视其中的一些决定。我不觉得有多少人喜欢上夜班,所以,这可能会给很多工人带来好处。

工业和商业部门中可以转移的巨大电量是大有作用的。冷链,即一套冷藏仓库、车辆和其他储存设施,可以保证巨量食品的冷藏和保鲜。冷链使用了巨多电量,这些电量是可转移的,而且不影响任何食物的质量。我们只需选择什么时候运行压缩机,以驱动冷藏装置,使系统保持低温,并像在冰箱里一样小心地管理温度。在每个经济部门,能担当电池的东西都应该成为电池,能用于转移电量的东西都应该去转移电量。

甚至,钢铁厂和铝厂也将因此变得至关重要,它们可以提供大量可转移电量,以满足能源供应。美国的钢铁、造纸、化工、食品和饮料行业每天消耗约 60 亿度电。[7]这相当于每户消耗 50 度电,可以说是巨大的用电量。

从长期来看,制造商依旧可以生产相同数量的商品,只是随着时间的推移,他们需要将主要的用电量与可再生能源供应相匹配。你可以想象,工厂的维修工作可能被安排在太阳能产量较低的冬季。当有充足的可再生能源供应时,他们可以多生产一些商品。储存产品通常比直接储存电力更便宜。夏季储存了谷物,冬天就可以吃面包了。我们可以将这种季节性生产模式扩展到耐用品生产中,为这些公司提供廉价的电力,这样他们就可以在可再生能源充足时"趁热打铁"。

平衡供需关系方法 2：需求响应，均衡用电量

除了能量储存，平衡电网的另一个方法，是调整需求侧用电量，以适应间歇性的能源供应。现在已经普遍使用这种方式。在我们目前的能源格局中，晚上的电力很便宜，因为需求低，而且很难关闭煤电厂。人们在泳池水泵和热水器上设置计时器，以便在晚上打开。在未来，便宜的电力将会出现在午后，因为此时的太阳能很丰富，我们只需要根据阳光变化调整计时器就可以。

目前，一个正常家庭每 24 小时大约使用 25 度电。如果给车道上的两辆车充电，让每辆车每年按照美国平均里程大约 2 万千米行驶，那么车的综合等效恒用电量每天将额外多用约 20 度电。热水、供暖和烹饪所需的能量目前都是由天然气供应的，将它们电气化后又多了 30 度电的用电量（前提是用热泵有效地完成替换，否则将多出大约 80 度电）。

将整个家庭电气化，大约需要 3 倍的电力，不过这将消减对汽油和天然气的需求。虽然这在一开始似乎是个问题，但是增加热能以及将电动汽车连接到房屋上，可以为这些装置轮流吸收一些太阳能提供更大的机会。这种方法被称为"需求响应"。

许多住宅和商业的用电是灵活的，例如，游泳池的水泵在一天中什么时候运行都可以。通过将这些设备连到电网，它们的需求可以被安排在供应能够满足它们的时候。此外，通过建立跨家庭网络，我们可以确保一个特定社区的每个人不会在同一时间打开这些设备。这样做将大大减少电网的峰值用电量，提高可靠性，并节省输电和配电方面的开支。

在我自己家里，我正在构建系统来平衡家里的所有用电。我将在屋顶

上安装一块尽可能大的太阳能电池板。它将产生约20千瓦的额定功率（在一个阳光明媚的夏日正午前后生产的能量），相当于每天的平均功率为4.5千瓦左右，每天发电约100度。这足够满足我所有的用电需求：一辆电动汽车、几辆电动自行车和滑板车。热水器是由热泵驱动的，其他的加热系统也是如此。电磁炉和烤箱也是用电的。

我家里所需的所有加热设备都将在正午打开，因为那时太阳能产量最高，热量将被储存起来供夜间使用。我家的这个系统将汽车充电列为次级优先事项，因为它需要的电量最多。定时器可以使洗碗机和洗衣机在可用电量最多的时间段运行。

我可以用每天的太阳能来满足大部分的能量需求，但不是全部需求都可以得以满足，所以我还需要连接电网来解决用电量的波动。我必须在电力系统和控制方面做一些定制工作，但世界各地都在开发这些类型的解决方案，所以它们实施起来只会变得更容易、更便宜，对于消费者来说操作也会更简单。对于那些能想出这些解决方案的人来说，这是一个巨大的商机。

落基山研究所在他们的出版物《建筑电气化》（*The Electrification of Building*）中解释了什么是需求响应，以及它的作用。图8-5显示了调节需求前后的情况。我家的用电量曲线也是这样，在实施这一方法之前是一条波动非常大的曲线。通过尽可能多地调节需求，大部分的用量需求可以根据太阳能发电的时间变化得以满足。越多的人将他们的房子连接到电网中，可共享的供给和需求池就越大，图8-5中的曲线也会变得越理想。

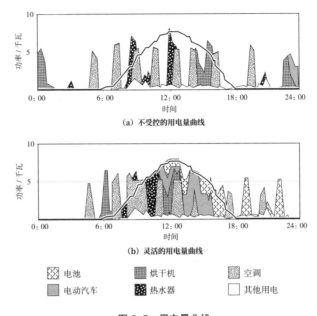

图 8-5　用电量曲线

注：一座正常房屋的用电量分布图，展示了需求调节如何将大部分用电需求转移到由太阳能决定的供应曲线中。

必要的远距离输电

美国需要大量的远距离输电基础设施，这样，一边的日出就能为另一边的早餐供电，一边的日落就能为另一边的晚间电视供电。

如果加利福尼亚州有 10 个风力涡轮机，可那里总有几天不刮风，这时候也就无法发电。如果加利福尼亚州、爱达荷州、得克萨斯州和北卡罗来纳州都各有 10 个风力涡轮机，那在随便哪一天，总会有一个它们一起发电的极好机会。同样地，如果弗吉尼亚州是阴天，佛罗里达州和新墨西哥州可能仍然艳阳高照。这一电网所连接的地理范围越大，一刻不停地生产电力的可能性就越大。相邻的 48 个州跨越 4 个时区，拓宽了可利用太

113

阳能的"窗口"。东海岸的阳光可以帮助美国中部各州度过电力需求上升的清晨，加利福尼亚州的阳光可以满足芝加哥傍晚最后的电力需求高峰；掠过平原的晚风可以满足加利福尼亚州整晚的用电需求，并帮助东海岸度过用电量上升的清晨。

远距离输电在 20 世纪是必要的，因为我们的电力分配模型是中心辐射型的。巨型发电厂位于输电和配电线路的中心，以此与每个家庭相连。连接广泛分布的可再生能源的新型电网，更需要这种长距离传输。保留一些 20 世纪的发电技术可以让事情变得更容易。目前大约有 100 吉瓦的核电供应电网，这个承担基本用电量的资源几乎可以到达任何地方。扩大其产能可以进一步缓解全美的电力供应紧张，但首先需要有传输距离更远、传输量更大的电力运输设施。

从北到南，从东到西，大量的能量转移，使得 24/7/365 问题变得简单多了。如果美国能与国际邻居共享这个电网，事情会变得更容易，加拿大的风力资源和墨西哥的太阳能资源有助于增强电力供应。就像互联网一样，我们连接得越多，网络越大，情况就变得越好。电网已经有了跨越时区和州界的主要互联网络。在这里，我们不需要想象神奇的新技术，只需要进一步致力于我们已经知道如何去做的事情。

平衡供需关系方法 3：过剩生产

这里有一个激进的想法。在谈论能源的未来时，我们已经如此沉迷于提高效率和能源的稀缺性，以至于忘记了去想象一个不是由稀缺性而是由富余性驱动的世界。这种富余就是过剩生产。在当前的能源体系中就有这种情况，在可再生能源的未来，这也将是提供安全、清洁、可靠能源的最便宜的方式之一。

其中一个例子，就是我们现有能源系统中的天然气调峰电厂，它们只在高峰时段发电。比如说，它们会在傍晚启动，以满足晚高峰的需求。调峰电厂不是全天候运行，所以在这个意义上，它们没有得到充分利用。换句话说，它们是一种过剩生产。另一个不太明显的过剩生产的例子，是全美所有的汽车。假设我们可以一直充分利用所有的汽车，这意味着不需要现在这么多汽车来满足我们的需求。但由于我们对汽车的需求变化无常，完全的利用率是不可能的，尽管拼车服务正在努力实现这一点。现在，如果我们同时开着所有的汽车和卡车引擎，这将相当于大约 40 太瓦的发电量。事实上，汽车平均只消耗 1 太瓦的电力，所以过剩生产大约 40 倍。

因此，这里有一个疯狂的想法：考虑到风能和太阳能发电是现在最便宜的能源，为 2～4 美分 / 千瓦时，与其担心冬季供应量会减少，不如让我们设计一个满足冬季最低需求的系统，然后在冬季以外的时间里保持供过于求和生产能力过剩。我不是唯一一个这样想的人。[8] 况且，这个想法也没那么激进。

在图 8-6 中，我粗略地模拟了不同部门相对于平均用电量的年用电需求变化，这个系统假定所有部门都实现了电气化和电网互联，电网中的风能和太阳能发电也实现了规模化。我们看到，由于供暖，冬季出现需求高峰；由于空调的使用，夏季需求也有一个高峰，只是低于冬季高峰。同样地，我们可以通过假设当前太阳能和风能发电的季节性模式，来模拟未来的电力供给。我还利用了为公共事业供电的太阳能和风能发电厂[9] 的数据，推断出它们的发电模式，以构建一个假想的零碳电力供给体系。我的计算包括比现在多 50 倍的太阳能和 30 倍的风能，还将目前的核能和水电供应增加了 1 倍。毫不奇怪，在图 8-7 中，我们可以看到一个夏季峰值，这主要是由于大量的太阳能。

不过冬天风也更多，所以这两种供给在很大程度上是相互平衡的。不出所料，供应量最少的月份是 1 月，而供应量最多的时候是暮春，因为那时风仍然刮得很猛，而阳光也开始变得强烈。

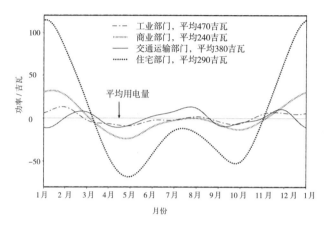

图 8-6　不同部门相对于平均用电量的年用电需求变化

注：在用能几乎完全电气化的情况下，按能源部门模拟用电需求的季节变化。

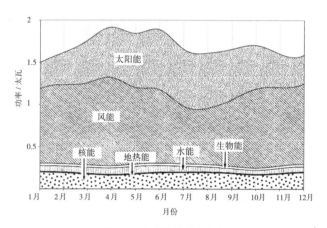

图 8-7　未来能源供应模式

注：以风能和太阳能发电为主的美国电力供应总量的季节性变化（以现有的风能和太阳能的历史生产模式为基础），其中少量增加了核能和水力发电量。

　　把新的能源供应和需求图放在一起，就可以检查全年的盈余和短缺。我们可以尝试利用夏季过剩的供应，通过一些神奇的储存技术来满足冬季用电高峰期的需求。或者，我们可以在夏天生产超出需要的能源，这样在冬天供应量最少时也能满足需求的最大值（见图 8-8）。要可靠地为全年所有需求提供足够的电力，只需要保持供给能力过剩 20%。在电网的电力成本为每度电 2 ～ 4 美分的前提下，这只会增加 0.5 ～ 1 美分 / 千瓦时的发电成本。这比我前面提到的任何一种电池都便宜得多。考虑到我们的屋顶上已经有了 6 ～ 7 美分 / 千瓦时的电力，而工业风能和太阳能大约是4 美分 / 千瓦时，我并不觉得能源生产商为了让人们安心用电而额外增加20% 的价格是疯狂的。夏天的过剩能源可能会被用于生产氢或氨，甚至可以用于去除大气中的碳。

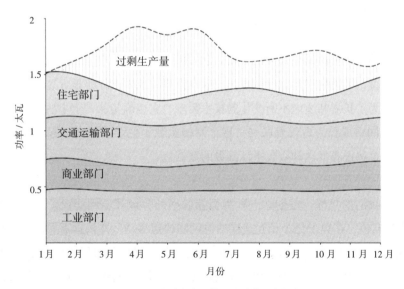

图 8-8　以过剩生产调节不同季节用电需求

　　注：我们如今已经有了一些供过于求的能源生产方式，这能使我们自信地使用可再生能源来应对季节性供需挑战，即与冬季可再生能源产量低谷相对应的冬季用电需求高峰。

我们可以在没有化石能源的情况下平衡需求和供给，要做到这一点只需要抛弃一些旧的思维方式。清洁的、零碳的未来将是一个能源富余的时代。

如果使用上述所有这些方法就足以解决问题，但我们还遗漏了关键的一点，即一个可以将所有这些联系在一起的电网。

21 世纪的电网

1973 年和 1974 年，一组研究阿帕网的研究人员设计了一套通常称为 TCP/IP 的协议，以决定信息如何在网络上流通。他们发明了一种叫作数据包的信息单位。

其中一项协议是伟大的创新，它确保了网络上所有的数据包都被平等地对待，无论它们包含什么数据，来自哪里，或要去往哪里。这种设计显然是为了扩展和适应不断变化的技术需求，它也确实从一个小型的学术和军事网络成长为现代互联网，这个网络由数十亿个连接在一起的设备组成，这些设备发送和接收不计其数的数据包。

我们的目标，是创立一种类似互联网的分散式电网协议，允许电力"数据包"在数十亿个相互连接的电网间快速移动，并根据需要储存和平衡它们。这个类比或许有些不太恰当，因为互联网是可以完全数字化的，而且管理电网不是管理不相关联的数据包，而是管理电压和电流。但我们仍然应该朝这个方向努力。人们已经小规模地实施了这样的系统，即通常所说的"微型电网"。但要使能源系统完全电气化，需要建立一个分散式网络，将所有能源供应和需求融入大量重叠、相互连接的微型电网。

　　我们可以做到这一点，可以真正大规模地分享所有需求响应的可能性，以及所有家庭和汽车中的一切储电机会。随处可见的少量的储能，加起来就构成了我们所需要的巨大电池。

　　现在，如果你有太阳能电池板，你可能会把自己的一部分能源卖回给电网，但通常电网会给你一些提醒，例如要求只能卖回与你所用电量同样额度的电量，这样月底你的账户余额才能为零。我们需要让每一个家庭都能随心所欲地连接尽可能多的太阳能和储能装置。同样地，政策制定者需要授予公民权利，使他们的汽车和电器也成为全国范围内相互联系的需求响应基础设施的一部分。我们未来的系统必须比分时电价计价更有创新性，比净电费计价更灵活。我们需要一个电网，它能使每个与之相连的人既是供给端也是需求端，既是用电者也是储电者。

ELECTRIFY

第 9 章

如何重新定义基础设施

- 我们需要停止幻想，仅靠小型"绿色"采购并不能拯救地球。

- 我们需要专注于那些虽然为数不多却决定着个人基础设施的大采购。

- 个人基础设施对 21 世纪能源系统的基础设施共享至关重要。

- 重新定义基础设施，使我们能够思考采购这些设施所需的新型融资方式。

基础设施包括社会或企业运作时所需的基本的物理和组织结构以及设施。我们目前认为的基础设施主要是水坝、公路、铁路和桥梁。但为了建设清洁经济，我们需要在 21 世纪扩大基础设施的范畴。

20 世纪的基础设施，很大程度上强调了供给侧对世界的观点。

21 世纪的基础设施也包括需求侧的观点。

需求侧的观点认为，重要的不仅仅是道路，还有道路上的车辆和车辆内的电池；重要的不仅仅是输电线路的去向，还有输电线末端连接的东西——热水器、烤箱、炉灶、热泵和冰箱；用户终端不仅与电网相连，而且还与周围的每个人相连。

我们需要重新定义基础设施，原因有三个：首先，它帮助我们把注意力集中在大的事情上，这些事情将显著改变个人二氧化碳排放量；其次，它使我们能够清楚地看见个人的东西（炉子、汽车）与集体的东西（电网、输电线）之间的联系；最后，也是最重要的，它能使我们思考为这些采购融资的新途径。

个人基础设施

重新定义基础设施，要从个人基础设施开始。为了应对气候危机，个人基础设施是我们需要关注的。

个人基础设施包括我们日常使用的机器和电器等装置，尽管通常我们看不见它们，但它们决定了我们巨大的碳足迹。家庭中的昂贵物品，如汽车、热水器、炉灶和烘干机，以及我们做出的能源选择，占据了目前美国40%以上的碳排放量；如果把小型企业和大型企业在这些事情上的能源选择也加进来，比如如何给办公室供暖，公司的汽车使用什么能源，这个数字超过60%。这就是为什么需要将这些采购决策纳入基础设施范畴内。我们可以做出正确的选择，从而对碳排放产生巨大的影响。

如今关注环境的公民，把很多注意力放在日常的小采购上，并对购物袋、人造肉、度假航班和塑料包装进行了复杂的道德计算。当然，省一点算一点，但正如我们所看到的，这种思维陷入了20世纪70年代的效率框架——减少！重用！回收！在这些小采购上的选择会带来一些改变，但不足以解决更大的碳排放问题。

我们需要从更大的角度思考问题。为了做出正确的事情，我们需要从根本上重新定义基础设施。如果个人基础设施设计得正确，我们的生活就可以不用为小事而烦恼。

我们需要开始优先考虑那些对零碳未来真正重要的、为数不多的决定：我们住在哪里？我们如何出行？我们开什么车或骑什么车？我们的房子多大？我们屋顶上有什么？我们的地下室里有什么？我们的厨房里有什么电器？它们都电气化了吗？这些决定对零碳未来真的很重要。

如果正确地投资个人基础设施，个人也可以成为电气化解决方案的一部分，只需每日醒来，照常生活。

要成为一个好的气候公民，只需要做好四五个重大选择。这些选择是面向差不多每 10 年才会进行 1 次的采购（或投资），面向车库、屋顶和用于房屋供暖的各种装置。如果做出了明智的选择，公民几乎可以忘记每天的焦虑。这些不常做的选择，要么让我们消耗大量能源，要么让我们消耗很少；要么排放二氧化碳，要么不排放二氧化碳。

以下是关注气候危机的人应该主要考虑的采购选择：

1. 个人的交通基础设施：每个人的下一辆车，以及以后的每一辆车，都应该是电动的。当然，公共交通、自行车、电动自行车、电动滑板车或任何不是由化石能源驱动的东西都是更好的选择。

2. 个人的电力基础设施：每个人都应该在下一次机会到来时，在屋顶上安装太阳能设备，无论是翻新、更换瓦板，还是购买或建造一个新房子。每个人都应该安装足够的太阳能设备来为电动汽车和电气化供暖系统供电，而不仅仅是现有的小型太阳能系统，它只能满足眼下的用电量。

3. 个人的舒适基础设施（空气调节系统）：用热泵取代火炉和燃气或燃油供暖系统。此外，明智的做法是给房屋做好保温和密封设计。如果你正在更换地板，这是安装辐射型液体循环供暖系统的最佳时机。选择高效的空调系统，购买只给单个房间而不是整栋楼供暖和制冷的系统。

4. 厨房、洗衣房和地下室的基础设施：尽可能选择效率最高的电冰箱、烘干机、炉灶、热水器、洗碗机和洗衣机。

5. 个人的储存基础设施：随着电气化程度越来越高，总有一天，安装小型家用电池作为个人能源需求的支撑会变得有经济意义，这也将使电网更加强大。我们不需要争论；本着"是的，而且……"的精神，与电网相连的电池也会出现。关键是需要足够的储存空间，才能让每个人都参与进来。成本将是最终的决定因素，我敢打赌，我们将在接近终端用户的地方建设更多的储能设施，因为以后的输电和配电成本会更便宜。

6. 社区的基础设施：支持你所在社区和州的清洁能源基础设施，这样你所有的个人基础设施都能使用零碳电力。提倡在学校和教堂的停车场安装太阳能电池。

7. 个人的饮食基础设施：在讨论基础设施时，考虑饮食选择似乎有些不相关，但少吃肉或成为素食者甚至纯素食者，对能源和气候碳排放有非常大的影响。虽然严格的素食主义没有必要，但调整饮食习惯，以适应炎热、拥挤的地球，对自己和环境都有积极的影响。

如果所有人都做出以上这些选择，将对自己的生活和社区应对气候变化大有帮助。我们还需要游说房东、朋友和家人做出同样的选择。想想个人基础设施的巨大潜力吧。

将个人基础设施与集体基础设施联系起来

基于对个人基础设施与集体基础设施之间联系的理解，我们可以把房子和汽车看作电池。在一个清洁的、电气化的世界里，电池对环境友好型基础设施至关重要。当然，我们不能仅仅通过公民的个人采购选择来实现零碳未来，我们同样迫切需要政府和工业做出的努力。但对个人来说，最容易消除的碳排放是那些我们作为日常消费者可以直接控制的排放。

过去几十年见证了共享经济的兴起。人们可以在爱彼迎上出租自己的房子或房间，共享自行车和滑板车现在已经成为交通基础设施的一部分。每个人的互联网都更丰富、更好，因为我们能通过社交媒体共享内容。

我们需要接受这样一个事实，即平衡整个能源系统将依赖于共享的基础设施，这强调了制定规则的必要性，以找到一条路径使所有这些东西谨慎而不带偏见地连接在一起。个人当然可以独立完成，只需每个人都买一个足够大的电池来处理自己的用电，但这将是最昂贵的脱碳方法。灵敏且相互连接的个人和集体基础设施，是降低每个人成本的关键。

个人基础设施的融资

我们支付电气化的方式是非常重要的。生活中的个人基础设施对 21 世纪的基础设施至关重要，因此每个人都应该以尽可能低的成本获得它，包括融资。如果我的汽车电池的一小部分将用于平衡电网，偶尔电网使用我的热泵和热水器来转移电力，那为什么我要以信用卡的高利率来支付它们，低利率不是更适合基础设施吗？

重新定义基础设施，让我们得以思考一个有趣的想法：我们可能离解决气候问题只差一个利率。我们将在下一章中看到，基础设施级别的低息融资至关重要。这些个人基础设施本身就非常昂贵，很少有人能够用现金购买，因此融资利率将是个人基础设施投资成本效益的关键所在。

我们需要把气候对话转向修复集体基础设施和个人基础设施上来。如果我们建设糟糕的基础设施结构，或者在关键时刻做出糟糕的采购选择，那么我们就等于选择了不良的碳排放，零碳未来的失败在所难免。如果建设良好的基础设施、支持良好的决策，我们都将能够生活得很好，可以有效及高效率地使用能源，这样就能解决气候危机，无须每时每刻担心气候危机。我想起了已故的朋友戴维·麦凯，在他关于能源的精彩论文《没有热空气的可持续能源》（*Sustainable Energy Without the Hot Air*）中有一句格言："每件大事都值得做。"

现在是 21 世纪 20 年代，根据 21 世纪对基础设施的定义，我们可以看到一条通往清洁、电气化世界的道路。

ELECTRIFY

第 10 章

如何利用技术创新让可再生能源更便宜

ELECTRIFY
零碳未来

- 过去几十年的技术进步，已经使太阳能、风能和电池等关键技术的成本低于化石能源的成本。

- 美国脱碳计划的规模足以将可再生能源的成本降低一半，甚至击败化石能源的成本。

- 我们需要考虑的是电力总成本，包括输电成本和配电成本，而不仅仅是发电成本。

- 最便宜的能源系统，将最大限度地利用家庭、社区和地方发电，并将其与工业中的可再生能源相结合。

我们拥有创造零碳未来的技术，但我们能负担得起这种转变吗？在考虑地球、人类以及与人类共享地球的美丽动植物的未来时，讨论成本似乎是一种亵渎。为了让我们的未来变得更美好，不得不为其"经济成本"辩解，这是令人沮丧的。我现在就认真地告诉你们：事实上，零碳未来将为每个人省钱。

我们有机会解决气候危机，并在未来降低能源成本。

电力很便宜，而且将越来越便宜

现在，生产清洁电力已经非常便宜了，而且还在变得越来越便宜，如果政策制定者没有实施错误的规章制度，"电表后"的一些电力还会更便宜，这一点我将在第 14 章讨论。

当能源迷们对比不同类型的能源价格时，他们谈论的是"平准化度电成本"（Levelized Cost of Energy，LCOE），即考虑全生命周期（如电厂的建造、运营和退役）电力成本时，特定发电技术的每度电成本。同样，能源迷们用单位造价"美元 / 瓦"来谈论能源装置的资金成本。通过追踪平准化度电成本来指导投资工作的资产管理公司拉扎德（Lazard），用数据显示了可再生能源比化石能源便宜多少。[1] 最新报告显示，公共事业单位的太阳能成本约为 3.7 美分 / 千瓦时，风能成本约为 4.1 美分 / 千瓦时。与之相比，天然气成本约 5.6 美分 / 千瓦时，煤炭成本约 10.9 美分 / 千瓦时。

这些低得令人难忘的平准化度电成本数字，适用于公共事业单位的发电项目。不过，奇怪的是，屋顶太阳能甚至更便宜，因为如果个人自己发电，就不必支付配电费用。在美国，我们还没有意识到这一潜力，但澳大利亚已经将屋顶发电的成本降低了很多，低于集中电站单独配送的电力成本，以至于"电表后"能源，即他们在自己屋顶上生产的能源，已经不再依赖公共事业单位供给。

在美国，电力配送的平均成本约为 7.8 美分 / 千瓦时，比澳大利亚屋顶太阳能平准化度电成本高 6 ～ 7 美分 / 千瓦时。澳大利亚政府为已经很低的 1.2 美元 / 瓦的单位安装造价再补贴 30 ～ 50 美分 / 瓦，这意味着现在的安装价格是 70 ～ 80 美分 / 瓦，从而使得平准化度电成本低于 5 美分 / 千瓦时！美国无法以这种方式来生产我们未来所需能源的全部，但也可以生产一些。

桑格威迪公司（Sungevity）前 CEO 安德鲁·伯奇（Andrew Birch）写了一篇很有影响力的文章，讲述了如何在美国复制澳大利亚屋顶太阳能的模式。他展示了美国屋顶太阳能成本的主要部分是"软成本"，即那些与太阳能硬件设施没有直接联系的成本，包括许可、检查、管理、交易和销售等各方面的费用。

美国能源部也同意伯奇的观点，他们的 1 美元 / 瓦太阳能 "登月计划" 目标，是消除太阳能设施的软成本。[2]

在美国，安装户用太阳能装置就像定制一个家庭建设项目，需要对每一块太阳能板进行多层设计、明确说明和细致监督。项目的每一步都必须进行评估和批准，这个过程中会产生累加成本。在美国，加上税收、管理和其他间接费用，消费者需要支付的费用接近或高于 3 美元 / 瓦。我有几个同事，托德·乔戈帕帕达科斯（Todd Georgopapadakos）、马克·杜达（Mark Duda）和埃里克·威廉（Eric Wilhelm），他们正在研究一套相对简单的技术，使上述过程更像是安装家用电器，如热水器或烘干机。

如果美国能够将目前需要的许多检查和批准手续自动化，将大大降低过程成本。这只是困扰美国清洁技术从业人员的一堆监管问题之一。这些摩擦使美国人无法每天都获得成本更低的能源。

在澳大利亚，屋顶太阳能的单位安装成本低于 1.2 美元 / 瓦。在墨西哥大约是 1 美元 / 瓦，在东南亚不到 1 美元 / 瓦。这证明了正确的建筑规范、培训计划和法规可以降低软成本。每个国家的相关劳动力价格也存在差异，尽管澳大利亚太阳能安装工人每小时的工资大约是 40 美元，是美国最低工资的 2 倍还多。

这正是屋顶太阳能的变革点：因为没有输电和配电成本，它可以非常便宜。即使公共事业单位的发电成本是免费的，我们也不知道如何将其电力传输给每个个人，并以低于屋顶太阳能的价格卖给每个个人。这并不意味着整个世界都将使用太阳能和分布式资源，但它确实意味着，如果我们希望建立成本最低的能源系统，美国将有大量的能源来自屋顶和社区。

技术创新和生产规模化
使可再生能源变得更便宜

风能和太阳能降价迅速，以至于创新者都难以跟上其步伐。2006年，我创办了一家用风筝提供动力的风能公司，名叫马堪尼动力公司（Makani Power）。当时的想法，是以3～4美分/千瓦时的成本生产风电，比天然气便宜，比当时其他风力发电便宜很多。这个项目真的很棒。我们制造了与波音747客机大小一样的机翼，用一根巨大的缆绳将其系住。它以320千米/小时的速度绕圈飞行，在承受8倍的重力加速度的同时产生兆瓦电力。在谷歌的投资下，马堪尼动力公司的发展轨迹令人兴奋，使我们的技术成为现实，最终于2019年与壳牌合作，在挪威进行了海上部署和演示。

然而，与此同时，风能工业也取得了历史性的进步，现在常规配置的涡轮机成本在4～5美分/千瓦时。2020年，由于成本优势的消失，马堪尼动力公司倒闭了。马堪尼的技术和执行方式都很好，但是风能工业找到了自己的方式来大幅度降低成本，那就是大规模生产。尽管马堪尼的技术没有在成本大战中赢得胜利，但它是全球创新浪潮和生态系统的一部分，即始终致力于降低成本，使风能、太阳能和电池能够与化石能源相匹敌。

2011年，我与利拉·马德龙（Leila Madrone）和吉姆·麦克布赖德（Jim McBride）创办了另一家太阳能跟踪公司——桑福丁（Sunfolding）。我们最初建造了太阳能的跟踪装置，这种装置确保太阳能电池板准确地跟随太阳在天空中的变化路径。我们的目标是太阳能光热发电，利用大量太阳光反射和聚光来加热熔盐，熔盐再加热水产生蒸汽来发电。

但是，光伏发电价格不断下降，无情的竞争把我们赶出了这场游戏，于是我们转向开发跟踪光伏的设备。我们仍然在游戏中：现在我们把技术卖给了工业太阳能发电厂，最低价格大约为 2 美分 / 千瓦时，比我们曾经想象的要低，远低于任何化石能源发电。

有两种方法可以降低能源成本。以生产捕鼠器为例，降低生产成本的一个方法是发明更好的技术，另一个方法是大量生产。第一种被称为"研究学习"能力，可以通过累积的研发投资额来衡量。第二种是由规模化效应引起的，也叫"边做边学"能力，是通过累积的总产量来衡量。马堪尼可以说是一个更好的捕鼠器，但这个捕鼠器不能进行大批量生产。桑福丁是众多小部件的改进之一，是一项发明，但并不是捕鼠器的整体，它就像一个更好的捕鼠器弹簧。

桑福丁的跟踪技术可以将大约 1 美元 / 瓦的成本降低 5 ～ 10 美分 / 瓦。这些节省的成本一半来自我们发明的硬件，但重要的另一半来自安装劳动力成本的降低。正是这些在材料和劳动力上小幅度的效率提升，体现出"边做边学"的成本节约效果。正如这些事实所说明的，以及实证研究表明的，[3]我们必须对这两种能力进行大量投资，才能最大限度地降低零碳能源的长期成本。

正是通过"边做边学"，才能最准确地完成工作。正如我们所看到的，随着每一代创新技术的出现，太阳能和风能行业都在不断地改善，它们的成本越来越低。"边做边学"的改进可以用"学习率"（learning rate）来描述，学习率是技术的产量翻倍后价格下降的百分比。

对学习率的最早应用是控制飞机成本的莱特定律（Wright's Law）。[4]我们可以把这个方法应用到汽车上，如图 10-1 所示，福特 T 型车的价格随着产量的增加而下降。摩尔定律（Moore's Law）[5]描述了集成电路密度令人瞠目结舌的指数级增长，也可以看作是对学习率的一种诠释。[6]

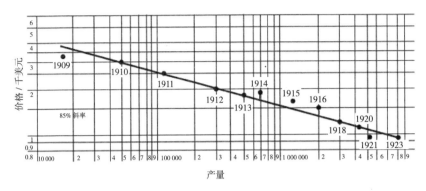

图 10-1　1909—1923 年间福特 T 型车价格的学习曲线

资料来源：*Limits of the Learning Curve* by William Abernathy and Kenneth Wayne, Harvard Business Review, 1974。

　　就发电而言，太阳能光伏发电的学习率约为 23%；风能发电的学习率约为 12%，[7] 与化石能源在 20 世纪早期成本降低幅度最大的时期一样快，甚至比它更快。对于太阳能来说，每增加 1 倍装机容量（installed capacity），组件成本就会降低 20%，这就是众所周知的斯旺森定律（Swanson's Law），以阳光动力公司（SunPower Corporation）的创始人理查德·斯旺森（Richard Swanson）命名。[8] 通过这种学习方式所取得的进步被绘制成图 10-2 所示的曲线，[9] 其显示了太阳能光伏组件如何继续向更低的成本迈进，尽管经历了极端的经济事件（如 2008 年的经济危机）。不仅如此，就在过去的 5 年里，世界各地新增的可再生能源装机数量已经超过了化石能源装机数量（2018 年，这一比例增至近 2∶1）。[10] 这种转变意味着更多的学习机会和成本不断下降的机会。

　　目前，世界各地大约安装了 250 吉瓦的风能和 125 吉瓦的太阳能。要实现世界的完全电气化，我们需要 10 ～ 20 太瓦的电力。[11] 这意味着太阳能电池板和风力涡轮机的累积产量仍然各需要增长 4 ～ 5 倍，才能达到我们所需要的年电力生产能力。鉴于这些已知的学习率和所需的增长规模，我们有足够的机会进一步降低成本，甚至超过已经下降的成本，使其比竞争对手化石能源更便宜。

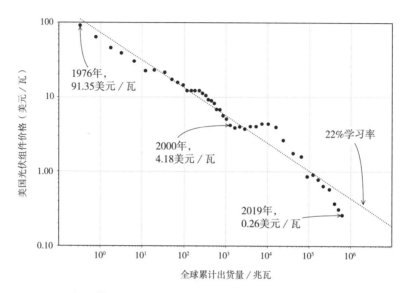

图 10-2　1976—2019 年美国太阳能成本的变化

注：这是光伏组件价格的学习曲线。

资料来源：Nancy M Haegel et al.，"Terawatt-Scale Photovoltaics: Trajectories and Challenges," *Science* 356, no, 6, 334 (April 14，2017): 141-143。

把这个想法暂停一下。如果我们致力于以足够的规模发展风能和太阳能，来应对气候危机，仅这一投入就有可能使可再生能源的成本再次减半，这无异于给化石能源的棺材钉上一颗钉子。电力最终（好吧，几乎）会"便宜得无须计量"，就像他们过去评价核能所说的那样。

所有这一切，都为大大小小的行业提供了难得的机会。硅谷普遍的错误观念认为，颠覆永远是好事，进步是由颠覆世界的打破常规的创始人取得的。这种模式在软件领域是可行的，但在硬件领域，尤其是在基础设施领域，就行不通了。这些领域自然是保守的，因为产生故障的后果更严重，而且需要保证装置能够可靠地工作 20 年以上。正如我们所看到的，通过持续的研发投资，加上大规模的生产，进步是可以预见的。我们需要新兴企业进行创新，甚至需要疯狂的、突破性的想法，但我们最需要的是实现大规模创新的大公司。一个雄心勃勃的动员计划可以利用工业学习率，持续降低成本，改善电气化未来的经济情况。问题是，美国的工业是否有肌肉记忆，或意志，使电气化未来成为现实?

ELECTRIFY

第 11 章

如何使用清洁能源节省开支

- 当能源便宜时，一切都变得更便宜。

- 清洁能源很便宜，但与化石能源相比有更高的前期成本。

- 向可清洁能源过渡需要每个美国家庭花费约 7 万美元。

- 到 2025 年，正确的政策和市场规模可以将 7 万美元降低到 2 万美元以下。

- 当采取脱碳方案时，每个美国家庭每年将节省数千美元的能源费用。

- 为了向所有家庭提供更便宜的能源，我们需要创造新的融资方式。

当电力便宜时，生活和家庭中的许多其他东西也会变得更便宜。应对气候危机的提案，如《绿色新政》（Green New Deal）大胆得令人惊叹，但它们似乎都表明，使我们的生活脱碳将花费数十亿或数万亿美元。相反，如果我们开始思考需要做什么来降低未来清洁能源的成本，为人们省钱，并更容易向公众（怀疑者和支持者，富人和穷人）"推销"，情况将会怎样呢？我与同事山姆·卡里什建立了一个从餐桌向外推演的脱碳模型，以计算家庭内部所有能源的使用情况。[1]这个模型显示了美国在解决气候危机的过程中，可以节省的所有资金。

向清洁能源过渡会让每个家庭付出多少代价？在这一章中，我要做的是告诉大家，我们不必为此付出代价，它每年可以为每个家庭节省一大笔钱，但只有当我们能够拉动所有可用的杠杆时，才能做到这一点。这不仅仅是一个技术问题，不仅仅是一个政策或政治问题，也不仅仅是一个财政问题。这是三者同时存在的问题。

这是卡里什和我建立的模型：

1.　我们依据近期的家庭能源使用模式，以及近期的能源成本，来确定当前的能源成本，进而确定家庭运营的货币成本。

2. 我们确定了一个能源转化率，以使我们能够将目前家庭的化石能源活动转化为有益的、零碳的电力活动。现有的生活方式不会被改变，只会电气化。

3. 我们建立了一个简单的模型，来描述未来的用电成本，就像我在这本书中解释的那样。

4. 根据这个模型我们可以计算出，与今天的家庭支出相比，未来的所有家庭活动将花费多少。

5. 我们需要通过必要的资本性支出来实现那个光明、闪亮的未来。资本性支出或装置就是太阳能电池板、电动汽车、热泵、电池等等。由此，我们建立了一个新的家庭基础设施的成本模型，能够把以上支出加起来。

6. 最后一个挑战是，为清洁能源装置建立一种融资模式，并看看是否存在一种利率，使一个家庭在电气化未来的年支出，低于如今使用化石能源的年支出，而且是在不降低生活质量的前提下。

7. 我不想打乱上述"队形"，但：这将为所有人节省金钱。

当前美国家庭能源成本的基线

我们必须先对目前的美国家庭能源消费支出进行估算。在图 11–1 中，我们可以看到，2018 年，每个家庭的税后支出为 61 224 美元，其中 4 136 美元（接近 7%）用在能源上。我们花在电费上的 1 496 美元，比花在教育上的 1 407 美元还多。我们花在天然气上的 409 美元，比花在牙科上的 315 美元还多。我们花在汽油和柴油上的 2 108 美元，比我们花在禽肉鱼蛋、水果和蔬菜上的 1 817 美元还多。

（单位：美元）

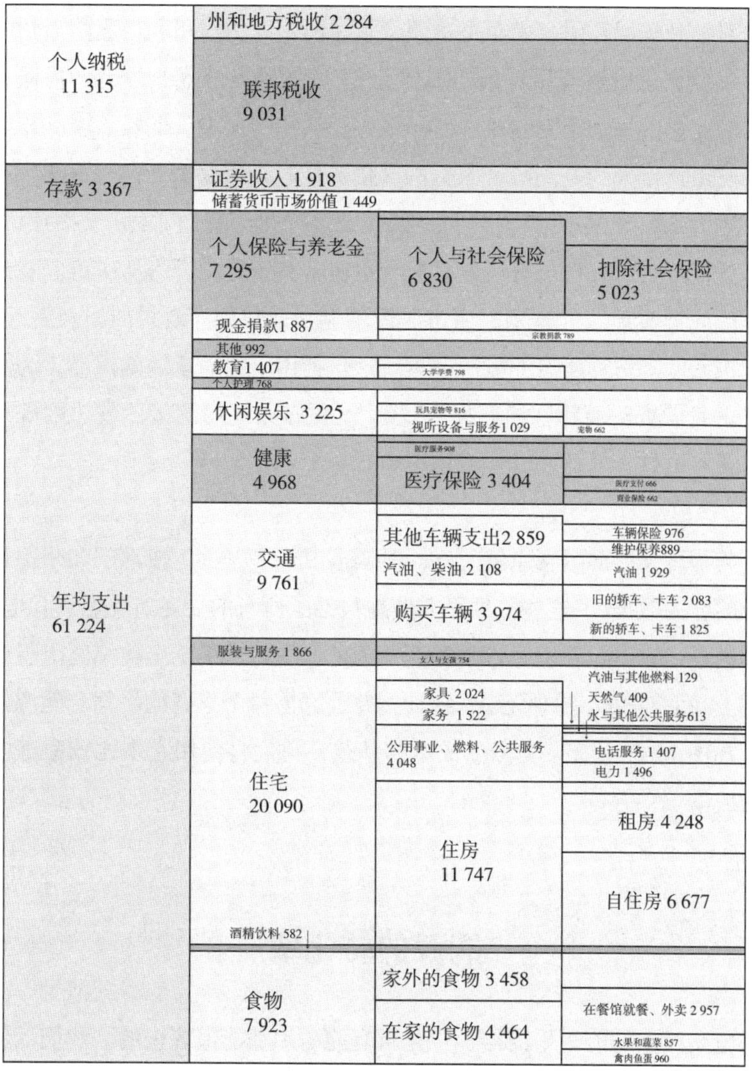

| 个人纳税
11 315 | 州和地方税收 2 284 | | |
| | 联邦税收
9 031 | | |

| 存款 3 367 | 证券收入 1 918 | | |
| | 储蓄货币市场价值 1 449 | | |

年均支出 61 224	个人保险与养老金 7 295	个人与社会保险 6 830	扣除社会保险 5 023
	现金捐款 1 887	宗教捐款 789	
	其他 992		
	教育 1 407	大学学费 798	
	个人护理 768		
	休闲娱乐 3 225	玩具宠物等 816	宠物 662
		视听设备与服务 1 029	
	健康 4 968	医疗服务 908	
		医疗保险 3 404	医疗支付 666
			商业保险 662
	交通 9 761	其他车辆支出 2 859	车辆保险 976
			维护保养 889
		汽油、柴油 2 108	汽油 1 929
		购买车辆 3 974	旧的轿车、卡车 2 083
			新的轿车、卡车 1 825
	服装与服务 1 866	女人与女孩 754	
	住宅 20 090	家具 2 024	汽油与其他燃料 129
		家务 1 522	天然气 409
			水与其他公共服务 613
		公用事业、燃料、公共服务 4 048	电话服务 1 407
			电力 1 496
		住房 11 747	租房 4 248
			自住房 6 677
	酒精饮料 582		
	食物 7 923	家外的食物 3 458	在餐馆就餐、外卖 2 957
		在家的食物 4 464	水果和蔬菜 857
			禽肉鱼蛋 960

图 11-1　2018 年美国平均家用支出

注：2018 年美国劳工统计局在“消费者支出调查”中对美国家庭支出进行了分项统计。

不同家庭的支出是相似的，但并非全然相同，正如你可以通过劳工统计局对加利福尼亚州、佛罗里达州、新泽西州、纽约州和得克萨斯州的州级支出数据进行整理后看到的那样。[2] 家庭按收入分成 5 等份。根据家庭收入的变化，每个家庭的成本差异很大。从比例上看，低收入家庭在能源上的支出比例大约是高收入家庭的 2 倍：低收入家庭为 6% ~ 10%，高收入家庭为 5% ~ 6%。鉴于美国是如此的多样化，我们对每个州的家庭进行了分析。这份分析很有启发意义，也非常有意思，因为从中可以看到寒冷地区和温暖地区的差别；城市居民不经常开车，而农村居民经常开车。我们按家庭来估算所有的能源成本。这包括用于交通运输的汽油（为简单起见，我们把柴油和汽油都称为汽油）；供暖系统用的天然气、丙烷和燃油；还有电灯、电器和其他一切电力。

美国国家能源数据系统（State Energy Data System）按部门和州保存了详细的能源数据。[3] 这些数据很方便地包括了所有的住宅所耗燃料和电力，但关键是，它不包括家庭汽油消费。为此，我们求助于全美家庭出行调查机构。我们对每个州进行逐一统计，并计算出每个家庭的平均总能源使用量。在图 11-2 中有一个当前成本的基线，我们将使用它来比较家庭电气化的成本。

能源的转化率

电是巨大的能量平衡器，也是所有能源中功能最齐全的。我们低估了电的通用性。用汽油来照明是一个坏主意，用天然气来驱动空调几乎是不可能的，用丙烷来驱动汽车需要做很多改进。然而，电力可以使所有这些机器运行，甚至使更多种装置运转。电是各种能量形式的通用语言，它既富于效率，又具灵活性，在我们的脱碳方案中具有巨大优势。

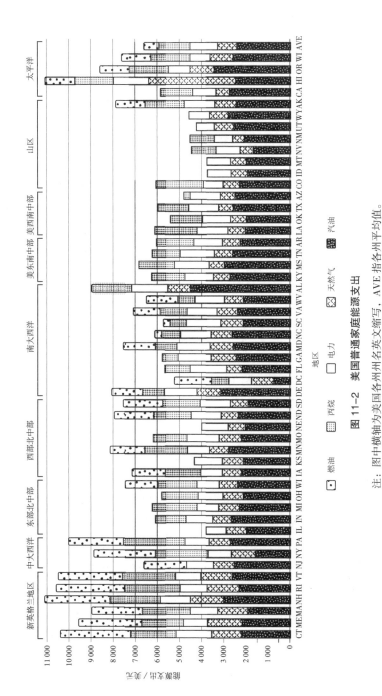

图 11-2　美国普通家庭能源支出

注：图中横轴为美国各州州名英文缩写，AVE 指各州平均值。

但是，为了理解不同类型的能源成本之间的差异，我们需要将交通燃料成本转换为电动汽车成本，将燃料供暖成本转换为电供暖成本，将其他家庭燃料成本转换为用电成本。

从每升油行驶里程换算到每千瓦时电行驶里程

由于不同燃料含有的能量不同，在每升油行驶里程和每千瓦时电行驶里程之间转换是很棘手的，因为还需要知道很多关于每辆车的效率和它所有的组件数据。幸运的是，现在有足够多的电动汽车在路上行驶，当然也有足够多的燃油汽车在路上行驶，这样我们可以用实际行驶的里程将升的汽油换算为千瓦时的电力。卡里什和我计算了大小和性能相似的汽车行驶相同里程的数据。

粗略地说，一辆高效的小型电动汽车，如特斯拉 Model 3 或宝马 i3，在城市中行驶的电耗大约为 155 瓦时 / 千米，也就是约为 6.5 千米 / 千瓦时。燃油汽车，比如本田思域，根据美国国家环保局的评定，能耗平均为 15 千米 / 升。[4]

更大、更重、更快的电动汽车，比如特斯拉 Model S，其耗电量接近 207 瓦时 / 千米，或说约 4.8 千米 / 千瓦时。相比之下，更大的豪华车，比如宝马 5 系列，油耗为 10 千米 / 升。[5]

皮卡和 SUV 几乎占了美国汽车总量的一半。一辆类似 Rivian 卡车的电动卡车，电耗大约为 310 瓦时 / 千米，大约是 3.2 千米 / 千瓦时。相比之下，类似大小的卡车，油耗为 6.4 ～ 8.5 千米 / 升。[6]

对比上述定义的小型、中型和大型车型，我们现在可以在千米 / 升和

千米 / 千瓦时之间转换大多数车辆的能耗，这会得出一个算子（千瓦时：升），将家庭每升油转换为所需的每千瓦时电力。如表 11-1 所示，对于我们考虑的每种车型，这个数字惊人地相似，在 2.1 ~ 2.3 之间。这种换算很方便，因为它允许我们使用平均值 2.2，把所有的家庭汽油消耗换算成电力消耗，不管车道上停的是什么类型的车。

表 11-1　燃油汽车与电动汽车的当量系数

车辆尺寸	千米 / 升	千米 / 千瓦时	燃油汽车	电动汽车	千瓦时：升
小	15	6.5	本田思域	特斯拉 Model 3	2.3
中	10	4.8	宝马 5 系列	特斯拉 Model S	2.1
大	7	3.2	雪佛兰皮卡	Rivian	2.2
平均	—	—			2.2

将热量的温度值或热量单位换算为千瓦时

计算用于加热的能量，比计算用于汽车的能量要复杂得多，原因有二。首先，并不是所有的家庭都采用同样的供暖方式。大多数家庭使用天然气供暖，但也有许多家庭使用电力，一些家庭使用丙烷或燃油。其次，我们的模型很大程度上考虑了用热泵替换各种各样的加热装置。热泵的能效比，是由热泵的类型（空气源或地源），以及当地的地面和空气温度决定的。

我们做一个简化的假设，即所有的改造都使用空气源热泵，因为它们在建设成本和改造成本上低于地源热泵的同等产品。除了在某些需要大量供暖的地区，比如新罕布什尔州，地源热泵的能效比更高，因此可能是这些地区最佳的经济选择。

我们针对每个州使用的年度气候模型，是基于美国国家可再生能源实验室在全美各地拥有的大约 1 000 个气象站的第三版典型气象年[①] 数据。[7] 从这些数据中得到的温度，可以与普通空气源热泵[8] 的技术性能数据以及由能源效率和可再生能源办公室[9] 计算的所有 TMY3 所覆盖的住宅每小时用电量曲线结合起来，从而产生各州用于加热空间和水的热泵的年均能效比。

幸运的是，美国能源信息管理局与美国人口普查局合作，也保存了按地区和部门划分的家庭供暖设备的有效数据。他们还记录了每类家庭的比例，例如，使用天然气或燃油的家庭比例。

用热泵替代现有加热技术后能效比增加，用该增加的能效比除以现有使用量（千瓦时当量）就将现有的家用电力、天然气丙烷和燃油加热模式转化为了千瓦时（见图 11-3）。

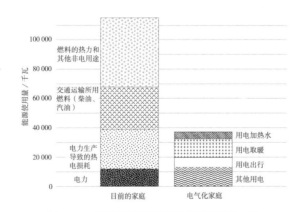

图 11-3 美国两类家庭的平均能源使用量对比

注：基于千瓦时（当量）比较当前所有能源的使用与当前的电力负荷，以及将家庭当前所有能源电气化后的总电力负荷。

---

① Typical Meteorological Year version 3，简称 TMY 3，该数据集由美国国家可再生能源实验室于 2008 年发布。——编者注

我们的电加热转化率不能用全美通用的简单比率来表示，就像不同类型的汽车互相转化那样，但幸运的是，电子表格和数据库可以处理所有州的数据和能效比。如果你想知道的话，我可以告诉你，这个比率大概是 3。

将不用于加热空间或水的燃料转化为电能

除了供暖，家用住房还会在其他活动中使用少量的碳基燃料，其中最主要的活动是烹饪。在我们的计算中，将这些剩余的燃料使用转化为电力，其能效比为 1。灶台和烤架是不能用热泵来加热的，但可以用电磁感应或电阻加热。

还有其他的能源消耗，它们属于现有的非热量用电形式，如灯、电视、手机、电脑、风扇、泳池水泵和电动工具。我们认为，这些用电没有效率优势，在未来的零碳世界中，它们将不会有什么变化。

升级个人基础设施的资金成本

显然，我们不认为仅仅把现有的燃油汽车和电炉插到 110 伏特的插座上，就能实现前面提到的全部节约。我们需要为自己的生活购买新的基础设施，比如新的汽车、电炉和热水器。

在大多数家庭中（各个家庭的相似之处多于不同之处），有 8 类项目是我们需要完全脱碳的。我们在表 11–2 中列出了这 8 类项目。

表 11-2　在资本性支出 / 基础设施模型中考虑的 8 类需要完全脱碳的项目

项目	基础值	正常价格 / 美元	贷款年限 / 年
炉灶	每家 1 套	500	15
负荷中心	每家 1 套	500	20
电动汽车充电器	每车 1 个	500	15
电动车电池	每千瓦时	100	7
家庭电池	每千瓦时	100	10
供暖设备	大小与当前供暖用电量成正比	5 000	20
热水器	大小与当前加热水用电量成正比	600	15
屋顶太阳能	大小与使用电量成比例	15 000	25

　　我不选择任何奢侈品，而是选择普通的产品。我也只计算新东西和它所取代的旧东西之间的成本差异，因为我猜大家反正已经有炉灶、汽车和暖炉了，所以只对差异的部分进行融资才是公平的。例如，中等价位的电炉灶比天然气炉灶要贵 500 美元左右。

　　我们增加了 1 个新的"负荷中心"（load center），那是一个由电线和断路器组成的大盒子，它可以把家用住房和公共事业单位的仪表连接起来，之所以增加它是因为家庭用电量将会增加 1 倍，所以需要升级负荷中心。

　　我们根据每个家庭的平均汽车拥有率（平均值为 2.1），为家里的每辆车增加 1 个电动汽车充电器。我们提供大约可供 4 个小时的家庭电池存储设备，以帮助平衡用电。我们还将供暖设备电气化，其投入的资金成本是与每个家庭使用的热量成比例的。为电热水器投入的资金成本，是与每个家庭当前加热水所使用的电量成比例的。

我们把最昂贵的两个设施留到最后。一个是汽车。我们只会为家用电动汽车的电池提供资金，这是电动汽车与燃油汽车的主要成本差异。我们根据全美平均车辆行驶里程（155 瓦时 / 千米）来确定电池的尺寸。

另一个昂贵的设施是屋顶太阳能，它能把整个房子连在一起。我们假设，每个家庭将安装足够的屋顶太阳能来满足未来用电量的 60% ～ 80%。如果我们像澳大利亚人那样安装屋顶太阳能，按照正确的方式筹措资金，那么太阳能将会很便宜。廉价的太阳能将为家庭用电节省更多的钱。

新的融资方式

贷款是一个"时光机"，这是一个非常重要的概念，我们将在第 12 章讲述这个概念。它让我们今天就能拥有想要的明天。因此，如果我们想要一个安全的未来，一个气候稳定、没有碳排放的未来，我们需要在今天就使这个未来成为可能。我们能做到这一点，方法是让每个人都能获得低息贷款。

为了达到为零碳未来进行低息贷款这个思想实验的目的，我以全额支付设备且零首付为原则，进行了简单的利息计算。我假设 2020 年美国政府抵押贷款利率为 2.9%，我们使用表 11–2 中规定的贷款年限。这个模型中只有汽车电池和家用电池具有剩余价值，假设在它们的寿命结束时，它们的剩余价值等于回收利用的原材料的价值，约为 40 美元 / 千瓦时。

未来的电力成本

我们需要为将用于推动零碳生活方式的电力确定一个成本。我只是简单地假设，太阳能覆盖率将很高，并与美国国家可再生能源实验室屋顶太阳能技术的研究潜力相称。[10] 对于整个美国来说，这个百分比相当于普通家庭用电量的 75%。

我们用太阳能发电的融资成本（1 美元 / 瓦），来模拟屋顶太阳能部分的成本。这是目前已知的可以实现的成本，因为澳大利亚已经在 2021 年以 2.9% 的贷款利率实现了这一目标，约为 5 美分 / 千瓦时——仅仅 5 美分。为了电力平衡，我们也假设一个当前电网提供电力的成本，这在美国平均约为 14 美分 / 千瓦时 。

是的，这些假设是大胆的，但它们并非没有先例，也没有超出我们所知道的范围。

未来的家庭成本

我把所有的数字都代入，借助电脑的力量（或者仓鼠、小精灵或任何在电脑里面的东西），我得到了图 11–4 和图 11–5 中的答案。如果我们在降低成本方面做得好，每个家庭每年将节省大约 1 000 美元；如果我们做得很棒，每个家庭每年将节省 2 500 美元，甚至我们有理由相信可以做得比这更好。如果孩子的未来受到威胁，还有什么能阻止我们采用更激进的利率来进行融资呢？

如果我们积极投入研发资金，致力于减少具体的成本，这里省一分钱，那里省一分钱，关键部件的成本就可能会进一步降低。但如果价格保持不变，而关键部件的性能得以提高，我们也可以做得更好。我们知道太阳能发电的效率可以达到 30% 以上，而现在只有 20%。

电池是电气化成本最关键的驱动因素。电池储能成本的关键影响因素是它们充电和放电的次数，即循环寿命，而不是电池的初始成本。许多制造商已经在研究如何延长电池的生命周期，这些努力应该会带来电池性能的进一步改进。如果电池可以在 20 年内循环使用 5 000 次，而不是在5 ～ 10 年内循环使用 1 000 次，我们甚至可以超过前面这些诱人的预测。

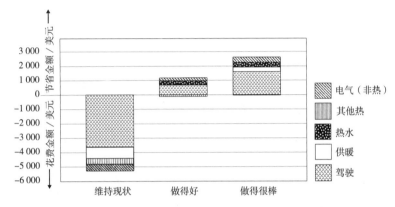

图 11-4　不同情境下，美国各类活动平均节省金额

注：如果我们以降低软成本为原则来设计政策，并建立与集中降低技术价格相应的金融机制，所有人都可以在不久的将来节省一大笔钱。

清洁能源电力更便宜

如果处理得当，解决气候危机可以使每个人节省资金。如果我们简单地将计算出来的家庭年节省资金乘以 1.22 亿美国家庭的个数，美国每年将节省 1 200 亿美元。我们需要记住这个简单的口号：清洁能源电力比化石能源电力便宜。

所有人都可以在电气化这个过程中省钱。在最激进的测算方式中，电池价格为 60 美元 / 千瓦时，太阳能价格为 80 美分 / 千瓦时，利率低于 2.9%，我们每年可以节省 3 000 多亿美元。谁说《绿色新政》的实施要花费数万亿？这将节省数万亿美元。

到 21 世纪 20 年代为止，清洁能源的早期市场已经在能够带来明显经济效益的地方和环境中发展起来。澳大利亚想出了住宅屋顶太阳能发电的办法，因为该国人口密度低，电网分布很广，所以零售电网因配电成本价格最贵。南澳大利亚州证明了电网规模的储能电池是可行的，因为它比建造新的天然气厂更便宜。加利福尼亚州在电动汽车方面领先世界，因为洛杉矶和其他城市中心的空气污染使他们需要清洁汽车。近年来，为解决日益严重的空气质量问题，中国进一步扩大了清洁能源的规模。西欧和日本掌握了热泵技术，因为国内天然气有限，而他们又需要廉价的热量。

如果把所有这些措施的最佳方案放在一起，开展大规模生产，消除不必要的监管成本，我们就有了一条前进的道路。

在之前的危机中，第一个问题不是"我们如何支付这笔费用？"，而是"我们需要做什么？"

打仗不是因为负担得起，而是因为负担不起不打仗的代价。

我们承担不起不向气候危机开战的后果，也负担不起不把所有东西电气化，因为如果我们做得对，让一切电气化将为所有人节省一大笔钱。

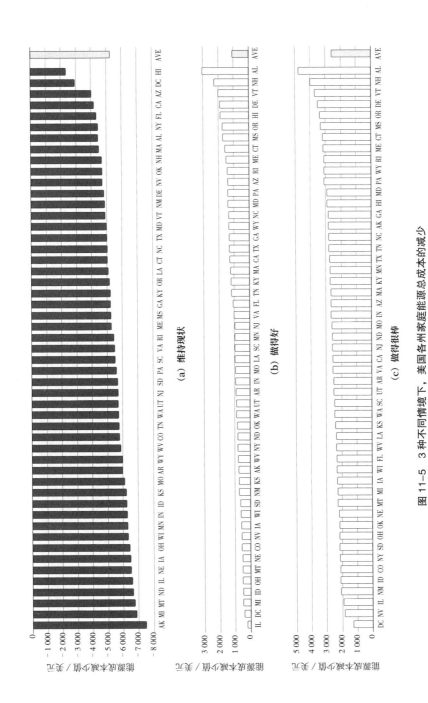

图 11-5　3 种不同情境下，美国各州家庭能源总成本的减少

注：家庭能源总成本包括交通燃料与家庭正常生活消耗的燃料。图中横轴为美国各州名英文缩写，AVE 省各州平均值。

ELECTRIFY

第 12 章

如何从化石能源向清洁能源过渡

- 使用化石能源，现在省钱，以后付钱；使用清洁能源，现在付钱，以后省钱（同时拯救了地球）。

- 目前，大多数家庭负担不起家庭脱碳的前期费用，但从长远来看，脱碳将为他们省钱。

- 如果政策制定者能够尽快提供"气候贷款"，那从今天开始清洁能源将为我们节省资金。

- 美国以前也创造过这种类型的贷款，比如大萧条之后为住房所有权提供的政府担保抵押贷款。

正如我们所看到的，清洁能源技术具有较高的前期成本和较低的维持成本，但目前的问题是，如何获得前期资金。气候危机可不在乎每个人的家庭预算或经济状况，但是，这意味着目前在激励措施和获取清洁能源方面存在贫富差距。

一个富裕的家庭可以通过电气化一切，来获取脱碳可能带来的资金节省。他们可以负担得起屋顶太阳能和电动汽车以及热泵系统的前期成本，因为他们可以轻松获得信贷和房屋净值贷款。而在收入谱系的另一端，低收入家庭需要脱碳方案带来的经济效益，但又无法支付采用脱碳技术的前期费用。这是气候正义对话中需要关注的公平问题。低收入家庭将极大地受益于脱碳、电气化生活带来的低家庭成本。问题是，他们很可能无法获得资金来支付这笔费用。如果我们不想出办法帮助每个人都能负担得起电气化未来，就无法解决气候变化危机。

我们能否过渡到这个更划算的未来，在很大程度上取决于如何为其融资。归根结底，这是一个利率问题。我们需要弄清楚如何能使家庭实现先买后付。幸运的是，这种解决办法是美国人特别熟悉的。

回想一下，普通美国家庭需要为电气化花费约 4 万美元。在新冠疫情之前，40% 的美国家庭在银行里甚至没有可用于紧急开支的 400 美元。很少有人有足够的现金来支付这样的项目。如果他们用信用卡支付，费用将会非常昂贵，因为信用卡利率徘徊在 15% ～ 19% 之间。如果我们使用目前常用的太阳能融资方案，他们将支付 8% 左右的利息。如果他们可以用政府支持的低息贷款支付，比如 3% ～ 4% 的抵押贷款利率，那么几乎每个人都能负担得起。这听起来差别不大，但是购买太阳能的费用可是需要 20 多年才能还清。如果普通美国家庭能以 3.5% 的抵押利率贷款，他们最终要支付的价格大约是最初价格的 2 倍；如果他们以 8% 的普通利率贷款，最终需要支付购买价的 4.5 倍。所以，更别提信用卡了。

我说过的话值得再说一遍：贷款是台"时光机"，它能让我们在今天就拥有想要的明天。我们想要一个清洁能源的未来和一个宜居的地球，所以让我们借钱吧。在人类学家大卫·格雷伯（David Graeber）的《债：第一个 5 000 年》这本发人深省的书中，他构建了一个强有力的论点，即通过创造债务，我们实际上创造了货币。因此，我们真正在做的是创造资本，它能让我们相信现在省下的钱可以偿还以后的债，从而让气候梦想成为现实。

贷款是长期以来支撑美国经济的引擎，而快速脱碳的关键在于建立同样的公私合作关系与创新融资战略。

我们必须为消费者提供各种各样的低息融资选项，来帮助他们负担得起 21 世纪的脱碳基础设施的资金成本。为公共事业单位的基础设施提供资金的绿色银行正在兴起，但我们需要更加大胆。气候贷款需要以零售金融产品的形式提供，这样个人才能负担得起将电气化解决方案融入日常生活的基础设施。那些没有房子的人，或者从来没有想过拥有房子的人，可能会抱怨这个信息的简单性和抵押贷款的类比。我同意，必须为租房者和房东提供财务解决方案，以及为质量比较好的家电提供营销融资。我们需要比我更有财务头脑的人（我买杂货时都很纠结）来解决所有的细节问题。

美国人的生活方式是建立在贷款的基础上的。汽车贷款和抵押贷款都是 20 世纪美国发明的。如果没有这些帮助大多数人支付大额项目的金融手段，美国乃至现代世界，将面目全非。

创立气候贷款来应对气候危机，这种做法有明确的历史先例。现代抵押贷款市场，是由美国政府在另一个危机时期，即大萧条时期，采取干预措施时形成的。大萧条时期，房价暴跌，大约 10% 的房主面临止赎。在罗斯福新政期间，政府介入市场。1933 年，美国国会通过了《房主贷款法案》（*Home Owners' Loan Act*）。房主贷款公司（Home Owners' Loan Corporation）就此产生，它可以向有违约风险的家庭提供低息贷款①。结果，成千上万的房主得以偿还抵押贷款，并且该计划实际上还略有盈利，而不是像预想的那样纳税人的钱会遭受巨大损失。[1] 这个计划首先催生了 1936 年的房利美和 1968 年的房地美，并创造了全球有史以来成本最低的债务池和最大的资本市场。汽车贷款有着不同的起源：亨利·福特因为宗教信仰而不允许自己举债购买汽车，通用汽车的第 8 任总裁阿尔弗雷德·P. 斯隆发现，通过创立汽车融资以让大众买得起汽车，这将是一个市场机会。这种金融创新是现代美国可以为家庭贷款的先例。

罗斯福新政的另一个计划是为电气化提供低成本的联邦资金支持。美国电气化家庭和农业管理局，最初是田纳西河流域管理局的一个分支机

---

① 　当时，对白人家庭是这样的；黑人家庭被排除在这项协议之外，因此，很大程度上被排除在中产阶级之外。所以，我们必须确保气候贷款并非如此，而是对每个人都有效。

构，它为家庭购买电冰箱、炉灶和热水器等电器提供融资。其服务重点是美国农村（特别是田纳西河流域），这也是扩大国内电力消费市场的一部分努力。

另一个罗斯福新政项目是农村电气化（Rural Electrification Program），这个项目帮助美国农村地区安装基本的电力线路。标准的安装配置包括：一个 60 安培、230 伏特的保险丝板，与厨房电路以及每个房间的电灯相连。想要参与的制造商，必须生产符合标准的、经美国电气化家庭和农业管理局批准的低价电器。消费者选择一款受到认证的家电，并在美国财政部的支持下，以分期付款的方式，从经销商处购买。消费者需支付 5% ~ 10% 的首付（远低于当时市场上提供的任何其他分期付款信贷），并在 36 ~ 48 个月内以 5% 的利息偿还贷款。这一优惠，只针对那些从收费标准符合美国电气化家庭和农业管理局标准的公司获取电力的消费者。该项目最终资助了约 420 万台家电，而当时美国大约有 3 000 万户家庭。[2]

为了气候稳定和更强健的能源基础设施，政府必须同样大胆地为零碳资金提供融资。未来的基础设施必然会更加个性化和分散化，所以现在是时候帮助房主获得他们需要的资金，他们需要为国家的努力做出贡献，同时也能长期节省家庭支出。

为什么我们不能像资助基础设施那样资助零碳基础设施呢？毕竟，平衡未来的电网，正如我们在前几章中所了解到的，需要依靠我们的集体电池和电量转移机会，使其以最低的成本运转。

当让一切都电气化后，每个人都将拥有个人基础设施，它不仅从电网中获取能源，而且还会回馈一些能源。对消费者而言，最重要的交易是，政府应该为电动汽车和电气化住宅提供廉价贷款担保。作为交换，这些设施应该与国家集体基础设施连接起来，这样能平衡每个人的用电需求。

显然，为个人基础设施创立融资方法和机构，包括债券措施、公私融资和受监管的公共事业单位，可以显著地促进这些设施被消费者采用。决策者和制造商需要为每一个美国人的购买选择提供金融、产品和政策方面的解决方案。我们还需要为房东提供融资，为那些不想买车或买房的人提供共享的基础设施。如果做法得当，创新的低成本融资，将是 21 世纪确保公平和普遍获得廉价可靠能源的最有效方式。

受 2020 到 2021 年新冠疫情的影响，国际利率已降至接近零的水平。现在正是利用这些历史上的低利率为家庭技术和基础设施提供资金的好时机，这将使未来的生活方式脱碳。如果只有富人能够转向清洁能源，气候变化问题的解决方式就不会奏效。我们必须使每个人都能从电气化所节省的费用中受益，共同实现气候目标。

ELECTRIFY

第 13 章

如何与化石能源公司并肩作战

- 化石能源公司资产负债表上的已探明的碳储量十分庞大。如果我们与这些公司斗争到最后，对所有人来说，这确实就是末日。如果有能让这些公司与我们并肩作战的机制，大家就能友好并存。

- 因为能源股票市场是围绕化石能源建立起来的，我们鼓励化石能源公司继续发展，把经济命运与化石能源联系在一起。

- 仅仅从化石能源公司撤资是不够的，也许并购化石能源公司会更划算，这样大家就可以并肩作战，共同对抗气候危机。

为过去的错误买单

在我的家谱上有着记录，很久以前有人将焦煤引入澳大利亚。我的第一份真正的工作是在澳大利亚的钢铁行业，这个行业依赖于煤炭。我感谢我的祖先和煤炭给这个世界带来的奇迹，但出于经济和环境的考虑，现在是时候停止使用它了。顺便说一句，我父母那边的祖先帮助建造了爱尔兰所有的灯塔，这是另一项让我们进入现代世界的技术，但现在这项技术很大程度上是没有必要的，因为现在在我们有了 GPS 和更方便的地图。未来就在眼前，最便宜的发电资源是可再生能源。我有很多事情要感谢我的祖先，只是在想办法应对气候危机时，不能再留恋过去了。

但随着逐渐摆脱化石能源，我们必须仔细地考虑其经济后果。我们已经看到了融资可以如何促进零碳能源方案的实施，或许我们也可以在化石能源上做同样的事情。

在地上挖个洞是要花钱的，发现一个含有石油或天然气的油田需要花费更多的钱。与脱碳技术一样，化石能源公司花了很多钱来寻找化石能源，并且只能在以后的日子里慢慢收回这些投资成本。这种商业模式需要借钱来挖洞，当这些公司借钱负债时，他们抵押的资产就是下一口井中产出的石油。[1]

在能源基础设施转型的背景下，抵押的化石能源资产将不再被开发，像这样形成的延递负债被称为"搁浅资产"，这是一个大问题。搁浅资产指的是那些曾经有价值，但由于技术、市场或社会习惯的变化，而不再有价值的资源。

据估计，目前尚未开采的化石能源的总价值可能达到 10 万亿～ 100 万亿美元。我们可以根据 15 000 亿吨的地下探明储量来估算。[2]

收购探明储量的成本上限，可以用最昂贵的化石能源——石油的价格来计算。油价的最低价可能是沙特石油的生产成本，即每桶大约 10 美元或每吨 60 美元。按照这个标准，我们的 15 000 亿吨探明储量的价值约 90 万亿美元。美国大多数油田在每桶 30 美元以下时都无利可图。或许可以仅以利润价格将其全部买下，这样成本要小得多，关键是，这种疯狂的想法可能比我估计的要便宜得多。

尽管没有人注意到这些化石能源，但它们在能源公司的账簿上是资产。气候科学家们一致认为，燃烧这些探明储量的化石燃料，将会破坏 1.5 ℃温升目标。事实上，为了保持温升在这一目标以下，我们不能燃烧该资产池中 1/3 的石油、1/2 的天然气和 80% 的煤炭。[3]然而，由于这些化石能源已经得到了融资，已经像任何其他形式的货币一样进行了交易，拥有这些资产的人很难放弃这些资源。如果某人在银行里有 10 万亿美元，他会毫不反抗地放弃它吗？

我们生活在一个以这些化石能源储备为基础的碳经济泡沫中。如果我们禁止石油和天然气公司开采这些资源，它们的股票就会崩盘，这将影响到数千万在共同基金和养老金计划中持有（也许是在不知不觉中）这些股票和相关股票的个人。2018 年，《自然气候变化》（*Nature Climate Change*）杂志的一项研究估计，化石能源资产的搁浅将导致全球经济损失多达 4 万亿美元。[4] 相比之下，仅 2 500 亿美元的损失就引发了 2008 年的金融危机，还记得"有毒资产"吗？搁浅的化石资产不仅会影响能源股，还会影响其他与化石能源有关的行业和装置的投资，从加油站到管线，再到油轮。与 2008 年金融危机一样，此类事件的连锁反应可能是灾难性的。

显然，对于这个带来现代化的化石燃料工业，我们不能将其连根拔起，而是需要一个计划。

与化石能源公司并肩作战

一场被称为"投资组合撤资"（portfolio divestment）的激进投资运动，得到了许多自由派大学的捐赠基金的支持，而且正吸引着越来越多人的关注。参与这一运动的投资组合，抛售所有化石资产股票。他们的想法是，如果有足够多的人出售这些资产，我们将会慢慢地让化石能源行业失去继续挖掘、钻探和开采所需的宝贵资金。

撤资是可行的，而且并非没有先例。在 20 世纪 80 年代，一场广泛的运动要求从涉及种族隔离的南非企业中撤资。1986 年，这一撤资运动甚至被写入美国的法律，即《全面反种族隔离法案》（*Comprehensive Anti-Apartheid Act*）。美国前总统里根曾试图否决该法案，但共和党领导的参议院推翻了他的否决。[5]

但是，仍有太多的买家将从剥离这些资产的集团手中购买这些资产。如果有足够的时间，这个策略可能会奏效。我绝不阻止这些努力，但气候危机的紧迫性和必然性要求更快的行动、更有结果保障的战略。由于撤资是一种基于冲突的策略，而不是一个得到广泛支持的友好解决方案，维权人士一定会寸土必争。

在应对这种不稳定局面时，最好的策略可能是将这些资产的所有者——化石能源公司，视为朋友而不是敌人。毕竟，一个世纪以来，他们为我们提供了可靠的交通工具和温暖的家。与其让这些公司成为我们的对手，为什么不让他们成为我们建设零碳未来的最佳盟友？今天的化石能源公司非常擅长为资本密集型企业融资。他们拥有庞大的、聪明能干的团队，擅长使用铲子和卡车。他们对基础设施了如指掌。他们也可以同样快乐，甚至更快乐地从事脱碳基础设施建设。为什么不庆祝他们做了一项了不起的工作，给我们带来了很好用的能源？在庆祝他们完成了出色工作的同时，让我们邀请他们成为脱碳事业的中坚力量。

唯一的障碍，是那些让我们的朋友与他们的老行业绑在一起的搁浅资产。如果我们买下他们的股份呢？甚至可能不会那么贵。我们可以协商。我们不需要以资产的原价买下它们，因为他们本来也只能赚取微薄的利润（大约 6.5%）。[6] 我们将利润率四舍五入到 10% 就很大方了，90 万亿美元的 10% 是 9 万亿美元。与全球每年 100 万亿美元的国内生产总值相比，这只是很小的一部分。以这个价格，我们可以买回土地和地下的化石能源，甚至可以在这些土地上建立一个个永久的世界公园。

如果这真的发生了，化石能源公司最终将获得大量的清洁资金，可以投资于 21 世纪的新能源经济和新的基础设施。是的，他们必须花费 10 年左右的时间，来逐步减少旧业务，但他们在新能源经济的资本化与运营中将处于最佳的位置，并在这个过程中创造就业和经济机会。随着跨越供应端和需求端两端技术的基础设施的建立，他们的利润率将会增加，还可以利用初始资本进行投资，建立估值远远超过其搁浅资产的业务。

　　诚然，这是一个大胆的想法，但是，我们可以把它看作解决气候危机及其内在冲突时必须采用的一种思维方式的象征。一切照旧是行不通的。一名经济学家或化石能源公司的高管，读到这里可能会对我的天真感到愤怒，但希望这能激励他们考虑这个大胆的想法。这可能是一次终极妥协：最大的能源公司参与有史以来最大的能源基础设施建设。

ELECTRIFY

第 14 章

如何重新制定有关气候的政策

- 应对气候危机，需要重新制定相关政策，这是一项漫长、艰苦且乏味的工作。

- 澳大利亚屋顶太阳能的成功证明只要摆脱过时的政策，屋顶太阳能将提供最廉价的能源。

- 需要更新建筑和电气的政策，以支持清洁能源技术，而不是与之冲突。

- 我们必须结束所有的化石能源补贴。

根据这一章的标题就可以知道，它讲的是乏味的、政府部门的监管细节，但这些却是至关重要的。律师和政治家也需要工作，所以让他们参与到解决气候危机中来吧。

在解决气候问题的斗争前线，存在成百上千个小小的监管障碍，它们虽然不明显，却阻碍着我们所需要的未来。如果只需要购买电动汽车就能阻止气候危机，那当然相当好。但赢得未来之战，仅仅这样是不够的。我们可以参与政策法规的制定，以支持零碳未来。

我一直认为，规章制度应该有适用的截止日期。大多数法律的有效期不应该超过 20 年，因为只要有足够的时间，人类就会想出如何腐败或绕过任何一套法规和条例的办法。这一点在化石能源行业中体现得最为明显。在这里我想强调的是，清理规章制度不仅仅是创立新的法规，更重要的是废除那些需要被打破的旧法规。

在全美各地，旧的行事方式已经嵌入法规和过时的思维中，比如对太阳能、家庭和汽车电气化不友好的建筑和电力规范。同样，我们还有落后的公共事业法规、道路规则、汽油税、房主协会章程和税收优惠，所有这些都扭曲了能源市场，阻止我们去做需要做的事情。一个世纪以来，美国都在为以化石能源为基础的经济制定规则，如果不让这样的官僚主义和惰性思维阻碍我们为孩子创造一个零碳的绿色未来，我们就能解决气候变化问题。

针对汽车的政策

澳大利亚试图通过对国外汽车征收高额进口税和更高的豪华汽车税来支持国内汽车工业。至少在电动汽车方面，澳大利亚没有选择创新，而是选择试图保护其燃油汽车行业。如今，由于这些税收政策，在澳大利亚购买电动汽车仍然很昂贵，特斯拉在澳大利亚的价格是在美国的 2 倍。澳大利亚应该鼓励汽车市场生产最便宜的电动汽车，而不是坚守这些规定。这一策略在挪威取得了成效，目前挪威的电动汽车占到新车销量的60%；到 2025 年，新的燃油汽车的销量将降至 0。[1] 具有讽刺意味的是，澳大利亚的政策并没有拯救它的汽车工业。2017 年，最后一辆红色霍顿 Commodore 从装配线上下线了。

在美国，制定 CAFE 燃料标准是为了激励汽车工业生产更省油的汽车。这是个好主意。但是，就像任何一套规则所遭遇的一样，随着时间的推移，会有很多律师来寻找漏洞和变通办法。例如轻型卡车被归入另一类，采用了与其他车辆不同的燃料标准。正因为如此，SUV 和跨界车诞生了，有效地扼杀了轿车和更短、更符合空气动力学（因此更高效）的汽车的市场。从理论上讲，燃料标准是一个好主意，但它们也存在形同虚设的可能性。

汽油税是帮助支付道路费用的一个好办法。但美国长久以来把汽油税维持在一个过低的水平上。自 1993 年以来，它们以美分 / 加仑计算，并一直保持相同的价格，这使得每年的汽油税收比例越来越低。这就导致了道路维护不善，许多美国人每天都能感受到这一点。糟糕的路况也促使消费者购买更大、更重、高耗油的汽车。欧洲和亚洲拥有更小、更节能的汽车的原因之一是，他们拥有更高的汽油税，也就是更高的驾驶成本。

有些人想知道，当大多数汽车都是电动汽车时，这些税收收入将何去何从。如果有审慎的政策指导，我们将按汽车重量与行驶里程对汽车征税。类似的按行驶里程收费的汽车保险已经存在，这应该会鼓励更轻、更高效的车辆减少驾驶。汽车公司应该因生产较轻的车辆得到奖励。

在新西兰，公司给员工一辆车是要交税的，这是对工作的奖励，所以要交税。但是，类似卡车的多功能车是一个可以不用交税的例外。这种车的逻辑是，如果它装满了工具，那么它就不是可以用来接孩子和购物的车。所以，现在公司所有的车都是卡车，不管员工是否真的需要，奖励的车型都是这类车，这样就可以逃避附加福利税。虽然这个漏洞条款已经被废除，但它是典型的不正当激励，影响了全球的能源生态系统和碳排放。

即使是一些善意的规定和激励措施，也需要进行仔细的审查。早期的电动汽车抵税额为 7 500 美元，目的是鼓励人们购买不会造成空气污染的汽车，以发展电动汽车产业。因为早期的电动汽车价格昂贵，使抵税额看起来像是对富人的补贴。大量的激励措施是以税收减免或税额优惠方式开展的。消费者需要有相当高的收入，才能充分地享受到它们的优惠。

在我们迈向零碳未来时，这一点值得记住：除非所有人都赢，否则就赢不了，因此设计适用于所有人的监管和激励机制至关重要。

针对屋顶太阳能的政策

正如在美国、澳大利亚或墨西哥屋顶太阳能的成本差异中所显示的，政策法规严重地阻碍了屋顶太阳能的大规模安装。回想一下，在澳大利亚购买屋顶太阳能的价格是 1 美元 / 瓦。在美国，由于法规、许可、检查和高销售成本，价格为 3 美元 / 瓦。基础硬件非常便宜，组件（太阳能电池组）在国际上的售价是 35 美分 / 瓦（有可能达到 25 美分 / 瓦）。太阳能装置本身并不昂贵，然而围绕太阳能的各项政策法规使其最终价格变得昂贵。

其中的一些规定太古老了，甚至可以作为博物馆藏品。在旧金山，太阳能组件不能一直放在屋顶的边缘，必须把它们往后放 1.2 米。有人告诉我，这是因为 1906 年地震后发生了破坏性比地震本身更大的火灾。在那个年代，大部分家庭的照明来自由煤气管道连接起来的许多小火苗，这是多么令人难以置信。煤气灯作为一种导致气候危机的问题，已经存在了 1 个世纪！地震发生时，煤气管道泄漏，煤气充满了房屋并上升到房间顶部——因为甲烷比空气轻。所以，到处都起火了。

后来，消防队员们坚持要求建筑法规允许他们在屋顶上打一个洞，来给建筑物通风，这也是消防队员一般都会携带斧头的原因之一。旧金山的房屋占地面积很小，一般是 8 米宽、24 米长。房子通常只能延伸 14 米。屋顶很小，如果把所有的边缘都去掉 1.2 米，就失去了 44% 可以用来生产廉价太阳能电力的面积。

这个故事可能并非完全真实，但它的观点是有效的。全美各地的建筑法规都与建设最好的清洁能源电力系统相冲突。同样，我们的电气、消防、健康和安全规则、速度限制、环境法律、污染标准，都是为过去的化石能源世界制定的。通过一大批律师和公民来理清和重写法典，以优化一个更安全、更便宜的能源系统，我们将有机会降低新电力世界的成本。

加利福尼亚州[2]和旧金山[3]要求，新建建筑需使用太阳能光伏发电，这是一个进步的、具有前瞻性的建筑法规的例子。重要的是，加利福尼亚州的建筑法规考虑到对住房购买力的影响，确保这一要求能够实际降低房价，并将这些节省下来的钱转移给居民。但我们每年新建的房屋只占美国住房总量的 1% 左右。除非我们也制定适用于现有住房升级与改造的规则、法规和激励措施，否则不可能解决气候问题。

另一个备受媒体关注的例子是天然气禁通令，该禁令最初适用于加利福尼亚州伯克利的新建住宅，[4]但在马萨诸塞州实施后，现在正成为一场全美国的运动。我的朋友莉萨·康宁汉（Lisa Cunningham）是一名建筑师，开诚布公地说，她在马萨诸塞州的天然气管道拆除斗争中发挥了重要的领导作用。[5]莉萨的斗争已经有了结果，这就更有理由让公民们把这场斗争推广到全美各地。

针对化石能源的政策

1913 年，美国首次将石油行业补贴写入联邦税法。这项被称为《税收法案》（Revenue Act）的补贴，允许石油公司扣除地下的石油作为资本性设备，以便将其作为税收减免。一开始是每桶减免 5%，现在是每桶 15%，每年相当于数十亿美元。这只是美国对威胁我们美丽世界的事物进行补贴的众多方式之一。

政府还要求，在石油和天然气开采人员进行钻探之前，需要缴纳一笔押金作为担保。肯尼迪将这一保证金的价格定为 1 万美元，自从设立以来，已经 50 多年没有变过了。担保的价格如此之低，助长了开采人员不负责任的操作，尤其是导致地下水污染的水力压裂技术。

"可靠性必须运行合同"（Reliability Must-Run Contract）经常被化石能源工厂用来获得垄断地位。化石能源公司认为，他们必须被允许运营他们的燃煤电厂，哪怕以其他可能更便宜的发电厂为代价，比如太阳能发电厂。这背后的逻辑是，如果不这样做，燃煤电厂在经济性上就撑不住，更别提在需要时提供对"可靠电网"的支撑。要我说，就这样吧，让可再生能源的经济性使这些工厂倒闭吧。显然，我们正处在一个临界点，对任何此类合同以及任何有利于化石能源的监管、激励、税收、补贴或规则，都应该对之进行额外的审查。

制定电气规范

国家的电气规范是个好主意，其设立主要是为了确保安全操作。但我再一次申明，它们是为过去的世界和昨天的技术而写的，而不是明天。虽然国家法规需要保持审慎，但我们应该推动它们更快地拥抱未来。

举个例子，我们目前的电气规范要求：负荷中心，即那个连接电网和房子的巨大断路器，大小要按照房子里所有用电设备同一时间打开时所需要的参数进行设计。如果我们给所有的用电设备通电，使房子的用电量增加 3 倍，用电量峰值将会是巨大的，它很快就会从一个便宜的、简单的盒子变成一个沉重的、昂贵的盒子。安装太阳能作为一种改造项目已经要求近一半的家庭更换他们的负荷中心。既然我们知道如何制造可切换的电路，既然我们可以通过这些开关来管理高峰用电，那么我们就可以制定规范，以支持更便宜的开关断路器。

在为未来制造障碍方面，工会并非没有责任。显然，电工工会对于要求将电线安装在硬管道中负有很大的责任，硬管道是指那些蜿蜒在地下室和房子一侧的金属管道。新的"软管道"选择方案已经存在，并且在许多应用中和其他国家中被认为是安全的。我们也可以采用新的技术和方法，来降低能源成本。零碳未来需要更有前瞻性的工会去行动。

电网中立

要使电气化带来的节省最大化，就需要使电网的成本最小化，这意味着电网监管至关重要。我已经提到了保持电网中立性的想法，大家可以民主地分享能源，就像在互联网上分享信息一样。这不仅有助于解决可再生能源间歇性的问题，也将降低能源成本。

将太阳能电池板和其他家用可再生能源与公共电网相连，并将多余的电力再转回电网，这种电力计量方法还不够好。[6]由于电网上的电力通常是按照批发价格回购的，而不是按照消费者的零售价格回购的，这并不会鼓励消费者最大化自己的太阳能容量或共享他们的储电。这有点像抵税额：只有在消费者交了很多税的时候才有用。

分时电价的计量方式也不够好。分时电价是指，电力价格在每天或每年呈周期性变化，电力公司在高需求的波峰时收费更高，在低需求的峰谷时收费更低，以帮助平衡电网。[7]这种方法用不同时段的电力价格，将一天分成若干块，然后由消费者选择何时使用能源。不是每个人都会做出这样的选择，而且税率方案的粗糙限制了这种方案的实施。

在电网中立的系统中，家庭和公共事业单位将被同等对待，并将被允许不受限制地进行相互买卖。只有通过这种套利，我们才能实现最大的节省（在金钱和能源方面）。这就像互联网一样，我可以向互联网提供任何信息，也可以获取我想要的任何信息，甚至在上面创建自己的企业。

公共事业单位不喜欢这个想法，尤其是那些还在试图保护他们天然气业务的公司。但请记住，人民监管着公共事业，所以我们不必害怕。我们可以控制他们，只需要表达我们的集体意愿。公共事业单位可能会说，他们有必要为贫困的家庭提供有保障的低成本能源。我反驳说，如果我们正确地制定规范，就可以降低这些家庭的能源成本。我们可以通过其他方式确保贫困家庭的能源供应。公共事业单位希望保持现有的垄断地位。如果他们不与我们合作去创造一个气候友好型的未来，我们就应该打破他们的垄断。公共事业单位在解决气候危机上，扮演着重要的角色，但这并不包括阻止家庭为自己发电、彼此间共享电力。

还有成千上万的其他法规和条例，破坏了我们今天所需要采取的气候行动。这是拯救我们想要和需要的美丽世界的战斗最前线。有一些优秀的团体正在致力于改变这些法规，他们要么制定新的法规，要么推翻旧的法规。哥伦比亚大学环境法研究所和威德恩大学特拉华法学院就是很好的例子。[8]

但目前没有太多人致力于解决零碳未来的这些障碍。

ELECTRIFY

第 15 章

如何利用电气化创造更多就业机会

- 在实现 2 ℃温升目标的同时，我们也将创造数千万个就业机会。

- 新冠疫情造成的高失业率，为建立零碳经济提供了一个机会，刺激经济所付出的成本可以得到收回。

- 所创造的大部分就业机会将遍布所有经济部门，每个区域都将有高薪工作。

为了有一个更好的生活而去脱碳，这个目标足以激励人们去做这件事。但人们对脱碳方案可能对经济产生的影响持谨慎态度。很多人都认为，使能源系统脱碳的想法不利于经济增长，那些在传统能源行业工作的人尤其这样认为。

任何通过彻底改革能源部门来改变世界的提议，都需要让人们相信他们不会因此失去工作；或者他们会找到薪水更高、更令人满意的新工作。

到目前为止，我已经概括出了一条在未来可以为每个人省钱的路径，但人们还需要工作。在我写这本书的时候，正值新冠疫情时期，失业率比大萧条以来的任何时候都要高。面对这一悲剧的挑战，有一个解决方案。

这一方案就是：向清洁能源经济快速转型，将创造数百万个薪水更高的工作岗位。在这样糟糕的就业环境下，能源系统的脱碳，可能是唯一一个足以让每个人重返工作岗位的解决方案。这些工作将在本国地理上高度分散，并且很难被转移到海外。

清洁能源会创造更多的就业机会

简单地说，在制造、安装和维护方面，清洁能源技术比化石能源技术需要更多的劳动力。安装并运营一个风电场所需的人力，要比钻探一口井并使它不断产生恒定数量的能源所需的人力要多。可再生能源作为燃料是免费的，而化石能源需要花钱。可是获得这些免费的可再生能源需要更多的劳动力和维护工作。

为了顺利过渡到零碳能源，我们必须让化石能源行业的工作人员和我们一起行动，但这些人并没有想象的那么多。美国劳工统计局在其《当前就业统计》(Current Employment Statistics) 月度报告中，保留了有关就业岗位的公开数据。在图 15-1 中，我们把它排列为一个树形图，把大的类别分解成越来越小的类别，以回答儿童畅销书作家理查德·斯凯瑞（Richard Scarry）在他著名的儿童书《忙忙碌碌镇》(What Do People Do All Day?) 中试图回答的问题：人们每天忙什么？[1]

值得注意的是，在能源行业工作的人非常少，新冠疫情之前，在美国 1.5 亿就业人员中，约有 270 万人从事此类工作。在化石能源行业工作的大多数是加油站的工作人员，人数将近 100 万。全美 80% 的汽油都是在便利店售卖的。[2] 但是便利店也卖热狗、香烟和彩票，所以我们可能不应该把他们单独划归为能源行业的员工。

我们可以看到，美国煤矿行业的工作岗位少得可怜，大约只有 5 万个。相比之下，美发和理发店工作岗位有 45 万个，高尔夫俱乐部的工作岗位有 37 万个，餐馆的工作岗位有 1 000 多万个。美国的会计师比整个能源行业的从业人员还多。能源行业工作岗位数量在经济中所占的比重并不大。

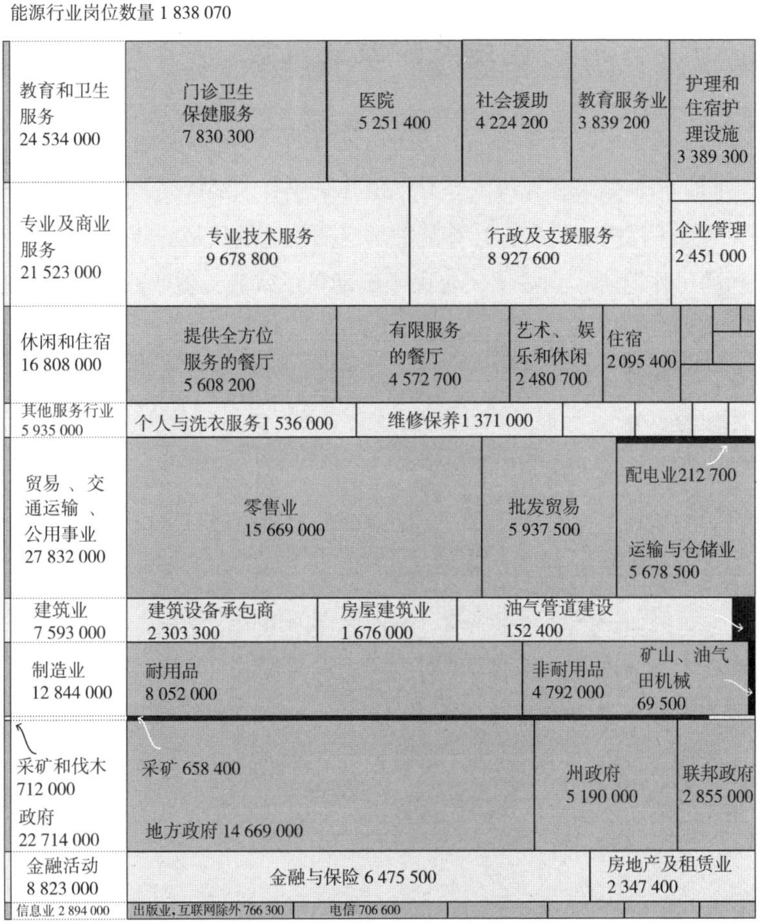

能源行业岗位数量 1 838 070

| 教育和卫生服务 24 534 000 | 门诊卫生保健服务 7 830 300 | 医院 5 251 400 | 社会援助 4 224 200 | 教育服务业 3 839 200 | 护理和住宿护理设施 3 389 300 |

| 专业及商业服务 21 523 000 | 专业技术服务 9 678 800 | 行政及支援服务 8 927 600 | 企业管理 2 451 000 |

| 休闲和住宿 16 808 000 | 提供全方位服务的餐厅 5 608 200 | 有限服务的餐厅 4 572 700 | 艺术、娱乐和休闲 2 480 700 | 住宿 2 095 400 |

其他服务行业 5 935 000　个人与洗衣服务 1 536 000　维修保养 1 371 000

| 贸易、交通运输、公用事业 27 832 000 | 零售业 15 669 000 | 批发贸易 5 937 500 | 配电业 212 700　运输与仓储业 5 678 500 |

| 建筑业 7 593 000 | 建筑设备承包商 2 303 300 | 房屋建筑业 1 676 000 | 油气管道建设 152 400 |

| 制造业 12 844 000 | 耐用品 8 052 000 | 非耐用品 4 792 000 | 矿山、油气田机械 69 500 |

采矿和伐木 712 000

| 政府 22 714 000 | 采矿 658 400　地方政府 14 669 000 | 州政府 5 190 000 | 联邦政府 2 855 000 |

| 金融活动 8 823 000 | 金融与保险 6 475 500 | 房地产及租赁业 2 347 400 |

信息业 2 894 000　出版业,互联网除外 766 300　电信 706 600

图 15-1　人们每天忙什么

注：新冠疫情前美国各行业岗位数量。

资料来源：US Bureau of Labor Statistics "Current Employment Statistics" reports, n.d.。

清洁能源可以
创造多少就业机会

有很多方法可以计算清洁能源可以创造的就业岗位数量，尽管依据的方法不同，估算结果存在很大差异，但几乎所有人都认同：这个数量非常多。乔纳森·库梅告诉我，计算能源部门的就业量只是徒劳。我把这个徒劳无功的工作写进了白皮书《美国零碳动员：就业，就业，更多的就业》（*Mobilizing for a Zero-Carbon America: Jobs, Jobs, and More Jobs*）。[3] 我找到一个新朋友，斯基普·莱特纳，一个过去从事这种计算的经济学家，来帮助我做这件徒劳之事。

我们的估算工作来自理解全美国目前使用多少能量，以及理解需要生产多少可再生能源电力，以使大家的生活水平保持在今天所享受的同一舒适水平上，例如：汽车、加热器、方便操作的按钮等设备。所有这些在以前的章节中都描述过。利用这种对能源需求的理解，莱特纳和我建立了一个"装置启动"的脱碳账目，计算向可再生能源过渡所需要的特定设备：太阳能电池板、热泵、电动烘干机，以及电气化的设备，例如热水器和可用于储能的电动汽车。然后我们计算出，创造这些新的电子产品需要多少个工作岗位。

经济学家通过成本估算来预测新的就业机会数量。我们对需要建造的所有装置的成本进行了估算，从而得出整个脱碳项目的成本。然后，经济学家从历史数据中得出各个行业每花费 100 万美元所创造的就业岗位数量。这些工作包括直接工作、间接工作和衍生工作。

直接工作是指那些在能源领域有着具体和明确内容的工作。间接或供应链工作服务于直接工作。直接工作可能是安装天然气管道或太阳能电池板，而与此相关的间接工作可能是为管道制造钢材、为风力涡轮机制造玻璃纤维，或为管道制造阀门和泵。衍生工作是指那些在社区中围绕直接工作与间接工作的岗位，人们受雇于餐馆、学校、当地零售商店和其他设施，这些设施支持人们的直接和间接工作。在风力发电场做安装工作的妇女会得到一笔可观的收入，作为当地经济的一分子，她会把这笔钱交给肉店、面包师和 LED 制造商。

为了估算初始成本，我们列出了美国需要建设的项目。请记住，在供应侧方面，我们将需要大约 1 500 吉瓦的新（清洁）电力容量。这意味着需要新建和升级数百万千米的输电和配电线路，把电力送到终端用户手中。在需求侧方面，我们需要使 2.56 亿辆汽车和卡车、1.3 亿户家庭、550 万幢占地 2 700 万平方千米的商业建筑以及所有的制造和工业流程实现电气化。根据这些数字，我们可以估计出需要制造和安装的电池、热泵、电磁炉、电动汽车和热水器的数量。

我们把刚才描述的所有东西的成本加起来，与它们所取代的东西相比较。这就给出了脱碳前与脱碳后的相对成本。我们用这笔钱除以零碳经济每 100 万美元中直接就业岗位的比例。同样，我们可以计算出间接就业岗位和衍生就业岗位的数量。例如，100 万美元（此处指 2017 年的美元，经济学家必须根据通货膨胀来调整所有计算）建筑业支出创造了 5.38 个直接就业岗位，3.87 个间接就业岗位，10.22 个衍生就业岗位。也就是说，每花费 100 万美元，就能创造近 20 个就业机会。

这样就得出了零碳经济中新增就业岗位的总数量。然后，必须减去化石能源行业中失去的工作岗位，包括间接和衍生的工作岗位。我们必须逐步淘汰煤炭开采，为那 5 万名矿工找到工作，但不会淘汰汽车行业的 250 万个工作岗位，因为他们将转向电动汽车和其他净零排放的汽车产业。

我们假设将有一个大规模的 3 ～ 5 年的战时动员期，以使生产能力初具规模，然后是 10 年的部署期。这符合 2 ℃温升目标。在需求侧方面，我们按照现有技术的自然寿命来实现逐步替换。例如，当某人的热水器在用了 11 年后终于报废了，我们假定他会用一个热泵驱动的热水器来替换。向可再生能源的过渡，将在金融、研发和培训领域增加很多工作岗位，我们也将这些就业包括在内。

图 15-2 总结了以上估算模型。该模型预计最好的情况是美国的电气化将创造超过 2 500 万个新的就业岗位。目前能源业大约有 1 200 万个工作岗位（包括所有的间接和衍生工作）。你可以看到，在 20 年的时间里，现有的化石能源工作转变为新的清洁能源工作，最终结果是比今天持续增加 500 万～ 600 万个工作岗位。

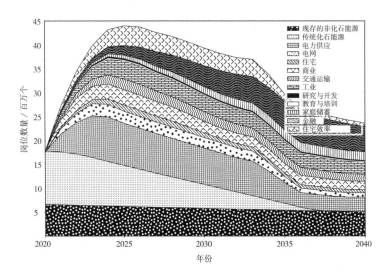

图 15-2　新工作岗位预测

注：到 2040 年，为了实现 2 ℃温升目标的脱碳努力可以在能源部门增加的工作岗位总数。对于脱碳来说，"效率"工作（水平波浪条纹）是可选的和不必要的，它们不包括在总工作岗位计算中。

历史上的就业

创造这么多就业机会，并快速且大规模地行动，这并非没有先例。

正如我们所看到的，美国在第二次世界大战中做了类似的事情。同盟国赢得这场战争所付出的经济代价约为 1939 年国内生产总值的 1.8 倍。1940 年，美国国内生产总值为 1 000 亿美元。1939 年至 1945 年间，美国花费 1 860 亿美元来生产对盟军成功至关重要的战争物资。向完全脱碳的能源体系过渡的成本可能接近 2019 年 22 万亿美元 GDP 的 1 倍，这对实现零碳未来这样的目标来说是比较划算的。

上一次出现高失业率是在大萧条期间，虽然罗斯福新政刺激了经济，创造了许多就业机会，但仍然不够。图 15-3 显示，大萧条时期美国失业率的峰值超过 24%。罗斯福的公共工程和就业计划从 1935 年开始取得了真正的进展，但直到战争爆发，就业形势才发生了显著的变化。在动员美国工业开始生产战争物资之后，失业率下降到 1.2%。失业率如此之低，以至于女性和非裔美国人也破天荒地有了大量高薪工作机会。

美国为战争建立的生产能力，不仅创造了临时就业机会，还为此后几十年的就业创造了机会。

我们可以回顾一下第二次世界大战时的生产情况。[4] 我们预测的新增就业岗位看似非常多，但其对经济的影响与第二次世界大战时所看到的没有什么不同。制造业就业增长了 60% ～ 70%，制造业产出增长了 1 倍多，建筑业和原材料生产也大幅增长，以满足制造业生产的需求。

第二次世界大战期间的生产统计数据显示了这一大胆计划的经济效益：劳动力增加了 18.3%，制造业就业增加了 63%，国民生产总值增加了 52%，消费者支出增加了 58%。用战争来做类比并不完美，但它将有助于公众理解，如果我们采取类似战时的方式来提升国家的工业生产力，争取在应对气候危机方面取得胜利，我们将在经济、就业和消费者福祉方面取得巨大的好处。

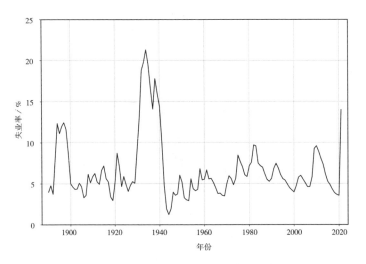

图 15-3　美国 1900 年到 2020 年失业率

注：该图中的数据包括失业率飙升的新冠疫情时期。

更多的就业机会与更便宜的能源

上述数字不是福音，而且几乎可以肯定地说，它们是偏高的。这项估算工作与商业惯例相去甚远，很难做出准确的估计。每百万人就业的历史数据来源于经济相当正常的时期。我所建议的是一个如此庞大的刺激计划，那些正常时期的经济数据充其量是可靠的。尽管如此，仍然可以得出这样的结论：大量的就业机会将会被创造出来，比可能失去的就业机会多得多。

经济学家的方法强调了这些估算工作中一个尖锐的冲突：花更多的钱就能创造更多的就业机会！这就是为什么《绿色新政》的各种声明听起来像是一场不断花钱、花钱、花钱的竞赛。如果想要就业登上头条新闻，只需要花更多的钱（如果你想重新审视自己与金钱和债务的关系，去读读大卫·格雷伯的书吧）。这与降低能源价格相冲突，而降低能源价格应该是我们的另一个目标。降低能源成本，意味着获得规模效益和降低完成每项任务所需的工作量。平衡就业和廉价能源至关重要，我们需要从更大的社会角度来思考这个问题。

有些人提出了像"全民基本收入"这样的想法，但我们可以考虑以前做过的一些事情。在 20 世纪 50 年代和 60 年代，美国将大多数人每周工作 6 天改为每周工作 5 天。工业革命后，自动化提高了生产率，足以让大多数美国人有更多的闲暇时间。我不知道有多少人愿意放弃他们的双休日。所以对我来说，创造更多的就业机会和创造更便宜的能源之间并没有冲突。让我们把工作自动化，尽可能地降低能源成本，然后把每个周末延长 3 天。让机器人参与到生产中来，这真是太棒了！

这种详细分析的另一个有趣的方面是计算 LED 照明的工作情况。LED 灯现在很便宜，使用寿命也很长，可以为消费者省下一大笔钱。这意味着，将美国大部分照明设备转换为 LED 将节省资金，而在经济学家看来，这将减少就业机会。想想标题"LED 照明减少就业机会——这太不'美国'了！"当然，我们喜欢便宜的能源。

转型的成本

《绿色新政》的颁布引起人们对其高额费用的震惊，因为这些模糊的计划总额度就高达 20 万亿美元。这让它听起来像是一笔糟糕而昂贵的交易。或许真的要花那么多钱，但这笔钱将分散在15～20年的时间里花完。这本来也是美国的主要预算支出，在这 20 年里，每个人都将购买 1 辆或两辆新车，以及电器和房屋改造。所有这些支出，无论如何都是必须的，都不应该被视为"额外成本"。

事实上，当我们向零碳经济转型时，消费者将会节省开支。如果我们按照本书列出的方法去做，那么每个家庭每年可以节省多达 2 500 美元。对于美国的 1.3 亿户家庭来说，每年节省的钱加起来就是 2 000 亿～ 3 000 千亿美元!

另一个重要的问题是，政府不会承担所有的成本。如果政府为基础设施使用贷款担保之类的机制，政府就不需要支付现金。相反，政府利用自己的影响力和声誉，给每个人提供可能的最佳利率。与此类似，政府不必为每一件产品支付全部费用以使其具有成本效益，只需通过适当的补贴，使市场倾向于脱碳解决方案，而补贴只占全部成本的一小部分。

例如，美国目前的可再生能源抵税额为 26%。为了便于讨论，我们将其作为政府在所有这些成本估算中所需要采用的份额，那么在气候动员的 15 年里，每年只需要大约 3 000 亿美元。这仅仅是我们当前军事预算的 1/3。不仅如此，美国家庭和企业节省的钱几乎可以弥补这一成本。我们需要改变这种不良的说法，即拯救地球是要花钱的。实际情况不是这样的。如果我们做得对，人人都能收获利益：省钱，还有更长的周末!

工作到底在哪里

就业的话题本质上是政治性的。我曾与一位气候政治领域的资深人士进行交流，当他看到所有这些数字时，所表现出的厌倦和怀疑证明了这一点。他说："未来 100 万个工作岗位，远不及一个正当势头的小利益集团或工会的几十个工作岗位具有政治价值。"这可能是真的。我们不可能赢得所有人的心。

但为了让这些人放心，请记住，这个计划并不要求立即关闭工厂和化石能源经济的所有组成部分。这些工作将随着即将退役的装置被替换而渐渐退出舞台。这意味着，在接下来的 20 年里，新的清洁能源工作岗位将缓慢而稳定地进入大众视野。

有一件事对人们来说真的很重要，那就是工作到底在哪里。

我在这本书中提出的计划，其中一个好处是电气化解决方案的很大一部分在车道上，在屋顶上，在地下室里。这些工作不能外包到其他国家，甚至不能由机器人完成。这些就业机会在美国的每个区域都有，而且很多都偏向于郊区和农村社区。这些工作既不是穿着实验室工作服的研究员（澳大利亚人对书呆子的称呼）工作，也不是在餐馆里拿最低工资的工作。这些都是有技能的蓝领和白领工作，绝大多数人将会在电气、管道和建筑行业从事待遇不错且令人满意的工作。

人们将会开着电动皮卡去工作，为他们一天的努力和对社区的贡献感到自豪。他们将成为他们正在建设的、更大国家项目的一部分：一个更好的、重塑的未来。

美国的能源政治

但是，即使知道了可能会有更多工作机会，也并不一定会让那些目前从事能源行业的人放心，因为这个行业终将发生变化。假装这个问题与政治无关是幼稚的。目前，美国红州拥有大部分的能源岗位。[①] 他们害怕失去这些岗位，这是一个潜在的现实，甚至被鼓吹为不迈向清洁能源未来的理由。飓风过后，得克萨斯州和路易斯安那州的人们担心，被破坏的石油和天然气设施会对他们壮丽的水道造成环境破坏，但风暴过后不久，他们就会回到化石生产行业工作，殊不知这些工作将引发更多让他们担忧的风暴。

2016 年大选之后，我开始关注能源领域的政治崩溃。一段时间以来，这是我做过的最让自己大开眼界的事情之一。正如图 15-4 所示，化石能源的生产并不只是略微偏"红"，而是绝大多数位于支持共和党的州，其占全部一次能源产量的 85% 左右。影响红州选民投票的因素之一是他们的能源行业岗位。

如果我们看看电力生产，会发现同样有趣，这似乎与本书描述相符（见图 15-5）。但仔细观察，我们会发现情况很复杂。在所有发电项目上，红州的发电量都超过了蓝州，包括核能和蓝州的宠儿——可再生能源。把所有的太阳能都安装在我们的屋顶上，仍然只会产生所有清洁能源中相对较小的一部分，占总供应量的 10% ~ 25%。因此，仍然需要大量的工业规模清洁能源和大型可再生能源设施。

---

① 红州与蓝州是指美国近年来选举得票数分布的倾向，表示共和党和民主党在各州的势力；红色代表共和党，蓝色代表民主党。——编者注

（单位：quad）

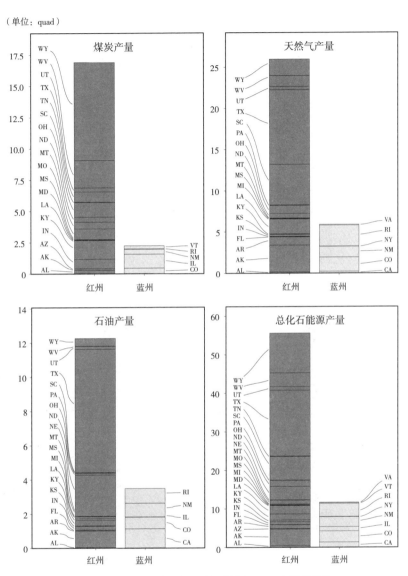

图 15-4　2015 年全美化石能源产量与 2016 年选举偏好

　　注：2015 年美国各州化石能源产量，包括煤炭、天然气、石油和总产量，按 2016 年选举偏好排序。当时，超过 80% 的化石能源是在支持共和党的州生产的。图中英文为美国各州州名缩写。

（单位：吉瓦）

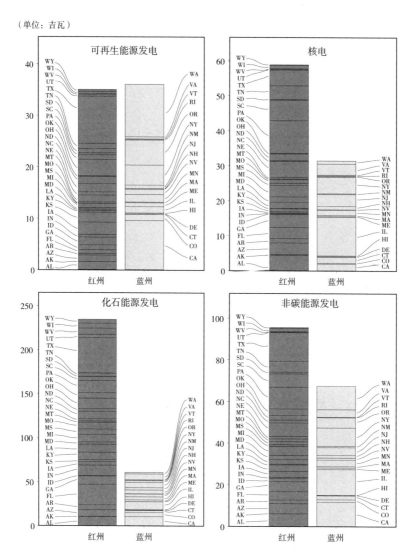

图 15-5 2018 年全美发电量与 2016 年选举偏好

注：2018 年美国各州发电量，包括可再生能源、核能、化石能源，还有非碳能源，按照 2016 年的选举偏好排序。在所有类别中，支持共和党的州生产了更多的电力。图中英文为美国各州州名缩写。

　　大型太阳能和风能设施需要土地。这就是为什么农业、制造业、能源生产更多是在红州完成的：红州拥有更多的土地。在图 15-6 中，我们可以清楚地看到这一点：2016 年大约占美国陆地面积 70% 的地区的公民投票给共和党。这不足为奇，因为石油就在那里。同样不应该感到惊讶的是，清洁能源的未来也在这些地方。随着风能设施的蓬勃发展，得克萨斯州逐渐意识到这一点。我们有充分的理由相信，从就业批判的政治意义上看，能源就业的未来与过去很相似。大多数发电行业的工作岗位将与目前石油、天然气和煤炭行业的工作岗位分布完全相同，因为这些州拥有着广阔的空间和（希望很快就有的）清洁空气。

（单位：百万平方千米）

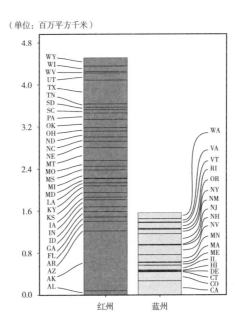

图 15-6　美国国土面积与 2016 年选举偏好

　　注：面积大的州更倾向于支持共和党。2016 年选举地图，按土地面积排列。红州生产更多的化石能源和更多的电力，因为它们的土地面积要大得多，约占陆地面积的 70%。这一优势也将在可再生能源的部署中发挥作用，因为可再生能源需要覆盖大量土地面积来安装大量设施。图中英文为美国各州州名缩写。

以这样的规模（数千万个岗位）和这样的速度（时间紧迫的几年）创造就业，并不是没有先例的。在第二次世界大战中，美国也采取了类似的动员方式，我们将在下一章中看到。正如我们所看到的，盟军赢得这场战争的总成本大约是 1939 年美国国内生产总值的 1.8 倍。向完全脱碳能源系统过渡的成本，可能仅仅接近 2019 年 22 万亿美元的国内生产总值。

从美国战时生产委员会 1945 年 10 月 9 日的报告《战时生产成就与复兴展望》（*Wartime Production Achievements and the Reconversion Outlook*）中，我们可以看到这些看似巨大的预测量对经济的影响与第二次世界大战时没有什么不同。在图 15-7 中，我们看到美国在战时的制造业就业扩大了 60% ~ 70%，制造业产量翻了 1 倍多，以及为满足其生产，其所需的建筑和原材料等其他方面的产量也获得了大规模增长。

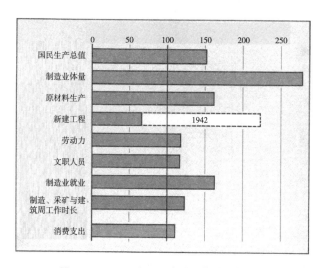

图 15-7　1939 到 1944 年美国战时生产扩张

注：与 1939 年相比，战时生产导致美国主要经济部门的扩张。

资料来源：US War Production Board, *Wartime Production Achievements and the Reconversion Outlook: October 9, 1945*。

图 15-8 更能说明问题，它显示了这一大胆计划的整体经济效益：总劳动力增加了 18%，制造业就业增加了 63%，国民生产总值增加了 52%，消费支出大幅增加了 58.2%，因为越来越多的人有了可以花的钱。用战争来做类比并不完美，但它有助于我们理解：动员我们的工业生产能力，可以推动创造数百万个新工作岗位，同时保护消费者的福祉。就像我喜欢说的那样，将来会有很多需要机器人去做的工作。如果我们决定将事情掌握在自己手中，并塑造未来，让它为每个人提供繁荣，我们就不必担忧。

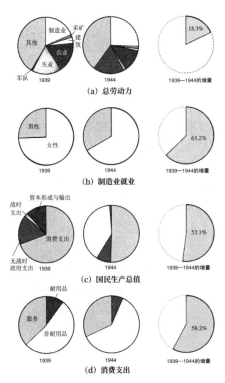

图 15-8　1939 年到 1944 年美国战时经济变化

注：由于第二次世界大战的生产努力，美国的关键经济参数在战时发生了变化。

资料来源：US War Production Board, *Wartime Production Achievements and the Reconversion Outlook*, October 9, 1945。

ELECTRIFY

第 16 章

如何打好零碳之战

- 现代"战争"的胜利取决于技术和生产计划。

- 应对气候危机，比打一场世界级战争更便宜。

- 我们需要选择少量的"关键弹药"，并提高它们的产量。

为了达到零碳排放，我们必须打"零碳世界大战"（World War Zero）。这个词可能是美国总统气候变化事务特使约翰·克里（John Kerry）创造的，我之所以使用它，是因为它很好地总结了我们需要的东西：为实现经济的零碳排放而做战时努力。即使目前的情况似乎有些棘手，我们也必须采取行动。我们必须团结起来实现零碳排放，以防止一场破坏力堪比世界级战争的气候灾难。虽然情况不利，但仍有前进的道路。

正如我们所看到的，让一切电气化是一种可行的解决方案，现有的技术可以消除大部分碳排放。那么，面临的第一个挑战就是规模问题：我们能否在规定的时间内，生产出足够数量的电气化产品？如果不能，我们能以多快的速度建立所需的生产能力，来规模化生产这些产品？

要想最快地实现脱碳，就需要在工业上迅速扩大电气化生产的规模，美国以前就做过类似的事情。打赢气候战争需要的资源和集体努力，类似于为争取第二次世界大战胜利所做的那样。我们需要以非常快的速度扩大工业生产，就像在那场战争中所做的那样。正如本书所表达的，这是意志的问题，不是技术的问题。

美国和盟国不仅赢得了第二次世界大战，还创造了就业机会和技术，确保了美国的长期繁荣。如果付出战时那般英勇的努力，我们显然可以在应对气候危机方面做得更好，比目前那些关键的清洁能源产业已经取得的令人印象深刻的进步还要好。

1939 年，美国正处于大萧条末期。整个美国的倾向，尤其是罗斯福新政时期的民主党人，反对干预国际事务。今天，我们在应对气候危机时也看到了类似的倾向：人们缺乏参与的兴趣，总是回避问题，专注于国内的日常事务，而不是冰川融化、海平面上升或其他地方的野火。气候危机应该列入每个政治家的首要议程，但在拜登 2020 年大选期间将应对气候危机列为优先事项之前，它通常只是被象征性地提及。

第二次世界大战时也是同样的情况。1939 年，美国军备实力在世界排名第 18 位，仅略高于荷兰。正如历史学家阿瑟·赫尔曼（Arthur Herman）在《拼实业：美国是怎样赢得二战的》（*Freedom's Forge*）一书中所述，美军的资源远远落后于希特勒。巴顿将军只有 325 辆坦克，而德国人有 2 000 多辆，以至于他不得不从西尔斯公司的商品目录上订购这些坦克的螺母和螺栓。那一年举行的军事演习非常简陋，陆军用冰激凌卡车代替坦克，《时代周刊》报道说，演习看起来就像"几个拿着 BB 枪的好男孩"。

赫尔曼在书中描述了丘吉尔是如何恳求罗斯福参战的。1940 年，在平民志愿者组成的简陋小舰队从敦刻尔克耻辱地撤退后，丘吉尔不得不激励这个认为一切都完了的国家。他在演讲中说"我们将在海滩上与他们战斗"，这是在毫不掩饰地呼吁：出去战斗，比在敌人面前放下武器更高尚。我们今天所需要的丘吉尔式的政治家，可能会这样重写他的演讲，以应对气候危机：

我们要坚持到底。我们将为地球和海洋而战，我们将以越来越强大的信心和力量为清洁空气而战，我们将付出一切代价保卫我们的星球。我们要为我们的家园战斗，我们要为我们的车辆战斗，我们要为我们的电网战斗，我们要在街道上战斗，我们要在城市中战斗。我们绝不投降。[1]

罗斯福被说服了，并开始为战争做大量的准备，他雇用了有汽车制造背景的威廉·克努森（William Knudsen）来管理战时的生产，为前线加紧工作。美国政府起草了一份关键战争物资的清单，并向实业家提供成本外加 7% 利润的保证，这些实业家贡献他们的工程经验、工业技术和工厂，来生产可以对抗希特勒并拯救民主的军火库。这个外加利润有时被玩笑地称为"爱国主义加上 7%"。

1942 年，罗斯福指派另一位实业家，西尔斯公司前主管经理唐纳德·M.纳尔逊（Donald M. Nelson）到美国战时生产委员会任职。正如罗斯福在当年的一次演讲中所说：

同盟国在军火和船只方面的优势一定是压倒性的，其势不可当，轴心国永远无法赶上。为了获得这种压倒性的优势，美国必须竭尽所能地建造飞机、坦克、大炮和船只。我们有能力和产能制造武器，不仅仅是为了我们自己的军队，也是为了与我们并肩作战的陆军、海军和空军。

只有建立这种全面的生产规模，才能加速最终的全面胜利……失去的东西总能找回来，失去的时间却永远不能找回来。速度可以拯救生命，速度将拯救这个处于危险中的国家，速度将拯救我们的自由和文明。[2]

任务确实完成了，而且是在创纪录的时间内完成的，部分原因是政府提供的财政激励。兵工厂以亨利·福特的大规模生产为基础，将美国式的大规模制造提升到了一个新的水平，帮助美国赢得了战争。

1939 年，美国只有 1 700 架飞机，没有轰炸机。到 1945 年，美国已经生产了包括 30 万架军用飞机在内的战争机器，B-24 轰炸机 1.85 万架，航空母舰 141 艘，战舰 8 艘，潜艇 203 艘，商船 5 200 万吨，坦克与枪支 88 410 件，大炮部件 25.7 万个，卡车 240 万辆，机枪 260 万架，巡洋舰、驱逐舰、护卫舰 807 艘，还有 410 亿发子弹。这是一个足以支持同盟国和击败轴心国的兵工厂。正如图 16-1 所示，从美国战时生产委员会在战后对该项目的分析中，可以看到这令人难以置信的产量增长。

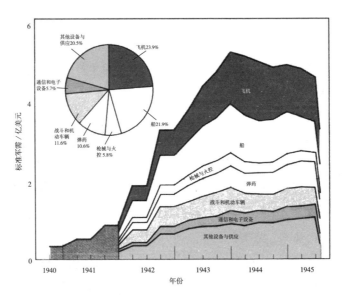

图 16-1　美国战争关键物资产量的每季度月均值

注：1941 年至 1943 年间，美国迅速提高了赢得战争所需的关键物资产量。

资料来源：US War Production Board, *Wartime Production Achievements and the Reconversion Outlook*, October 9, 1945。

正如斯大林所说：

> 我想从苏联人的角度告诉你，罗斯福总统和美国为赢得这场战争所做的一切。这场战争中最重要的东西是机器……美国……是一个机器之国。如果不使用这些机器……我们会输掉这场战争。[3]

在表 16-1 中，我提出了一套与战时类似的"关键战争物资"（就像它们在第二次世界大战中被称为的那样），而这次是为抗击气候危机而战。我们需要的不是飞机，而是风力涡轮机；我们需要的不是自由轮，而是太阳能电站；我们需要的不是弹药，而是电池。就像第二次世界大战一样，这不是一项简单的任务，同样需要在公私合作方面做出巨大的政治妥协。尽管如此，前面的任务可以相当简单地描述为一系列需要大规模部署的简短清单。

表 16-1　关键战争物资对比

第二次世界大战	零碳世界大战
飞机	风力涡轮机
船	太阳能电站
弹药	电池
战斗和机动车辆	电动车
引擎	热泵
通信与电子设备	电网基础设施

为一次又一次地将产量翻倍付出的努力，就是第二次世界大战期间任务完成的原因。所有的这些制造业带来了超过 1 600 万的新劳动力。妇女、青少年、退休人员、非裔美国人，以及其他历史上被排除在劳动力之外的人，都加入了这一努力，以满足巨大的战争需求。

赢得零碳之战

在这之前或之后，没有任何一个就业计划能像美国战时生产那样成功地让人们找到工作。硝烟散去后，第二次世界大战期间在制造业方面的投资继续维持着美国数十年的繁荣。在大萧条最严重的时候，美国的失业率超过 24%。经过近十年的罗斯福新政，失业率仍然顽固地保持在 14% 以上。然而，随着战时生产的努力，失业率迅速下降到我们现在认为的最低失业率——2% 以下。1944 年，失业率为 1.2%。应对气候危机是另一个大到足以雇用所有人的计划。

将产能持续翻倍直到完成气候目标，这可能是不现实的想象。与第二次世界大战不同，我们现在面临着经济和现实方面的考虑。我们要尽可能快地将产能翻倍，直到达到预期的技术更替率，即基于技术寿命的自然替换周转速度。正如我前面提到的，这些技术有生命周期。例如，我们需要尽快提高风力涡轮机的生产速度，在它们建成 30 年退役后替换它们。在全球范围内，如果我们需要 4 太瓦的风力发电量，它们的寿命是 30 年，那么我们需要持续生产发电能力为每年 133 吉瓦的风力涡轮机。每年 133 吉瓦仅仅是我们目前 25 吉瓦的 5 倍多一点，如果目前行业 19% 的增长率保持不变，我们将在 2029 年达到这一生产速度。如果我们假设所有的太阳能技术可以持续 20 年，则需要每年 200 吉瓦的生产速度，如果我们保持目前的增长速度不变，我们将在 2027 年达到这一产能。

一旦我们达到了这些生产的可持续水平，这些行业就不需要再增长了，它们只需要继续以这个水平生产，以维持全球清洁能源所需的产量。这将可再生能源覆盖全球能源需求的时间推迟了几年，大概到 2048 年才能实现。如果将当前的核能和水力发电考虑在内，这个时间点是 2045 年左右。

达到上述目标的最快途径，受限于我们全面采用电气化解决方案的方式。正如我们所看到的，这将受限于这些方案的成本，以及政策制定者能否实施帮助每个人负担得起电气化未来的融资方法。坚持不懈地减少软成本，即改造、许可、安装和检查的成本，从而使这个过渡变得容易、便宜和平稳，这是至关重要的，因为目前对消费者来说，脱碳并不容易。最快的途径将是，明智地提前淘汰排放最严重的技术，并建立合理的监管制度，防止授予新的化石能源租约和勘探权。这也可以通过碳定价来实现，不过这种方法要成为最快的监管措施需要将价格定得极高，而且需要尽快定价。

在最快实现目标的过程中，积极的研究和开发是必要的，但不是以大多数人想象的方式。研发能够降低那些需要立即部署的东西的成本，但研发的重头戏在于肃清难题，即寻找新的方法，解决没有头绪的那些部门的脱碳难题。这些部门大多是农业或材料领域，如果研发人员能在所需要的10 ～ 20 年时间内提供解决方案，就值得我们的关注并为之提供资源。

这种战时动员将带来严重的前期成本。但是，美国以前也这样做过。1940 年，美国人口为 1.32 亿，国内生产总值为 1 000 亿美元。1939 年至1945 年间，美国花费 1 860 亿美元，用以生产对同盟国胜利至关重要的战争物资。1940 年至 1943 年美国国内生产总值翻了一番。

今天，美国人口为 3.3 亿，国内生产总值为 21 万亿美元。如果我们今天按同样的比例支出，那将相当于 39 万亿美元。好消息是，脱碳的努力肯定会花费不到 25 万亿美元，比赢得第二次世界大战所需的资金要少得多！

在对抗气候危机的零碳世界大战中，我们可以用类似战时的努力，在类似战时的时间内，以对经济来说较低的相对成本，实现零碳未来。我们知道，为了达到 1.5 ℃温升目标，需要 100% 采用率，这意味着每一座新电厂都需要是零碳的，每一辆新车都是电动的或零排放的，每一个新熔炉都要使用电力和无碳能源。这意味着我们的工业和生产的产品将发生根本性的转变。

罗斯福认识到，建立应对敌人的兵工厂有必要先于美国民众的意识。1941 年底，当日本轰炸珍珠港时，美国军队已经做好了准备，而美国的其他地方也意识到了威胁。今天，我们面临着同样严重的威胁。这是一个美国曾经做过的计划，我们可以再做一次。这个过程将重振我们的人民、自豪感和经济。

如果采取大规模电气化，这是解决气候危机唯一可行的方法，我们需要制造大量的机器。这还不包括新的生物能源工业、新的耕作方法和技术、新的制造机会以及新的林业方法。

正如上述，所有制造业将在未来几十年创造大量就业机会。罗斯福新政中的基础设施投资显著地降低了大萧条造成的失业率，但第二次世界大战期间的制造业在应对高失业率方面表现得更为成功。其间，1 600 万新工人被纳入经济体系。为了有机会创造我们的孩子想要和需要的未来，需要大量建设国家的制造、技术、商业、科学和人力资源以阻止气候危机。我们需要另一个兵工厂，我们还需要另一个阿波罗登月计划，也许还需要一个类似于曼哈顿计划的研究计划。

20 世纪 50 年代的美国，是建立在科学项目、有远见的基础设施、创新的制造和新颖的融资等大胆结合的基础之上的，所有这些都得到了政府的支持和合作。

美国的富足是建立在廉价能源基础上的，这保证了美国的经济实力。我们可以使能源成本更低，同时满足零碳世界的需求。这是通往又一场美国梦的道路。通过致力于实现电气化并进行全面的能源转型，美国将在21 世纪成功应对气候危机。

正如美国在第二次世界大战后通过制造产品重建世界上被摧毁的基础设施得以繁荣一样，通过向世界其他地区出口电气化解决方案，美国将在这一脱碳努力之后繁荣起来。我们可以赢得这场战争，并实现与过去类似的工业转型。就像第二次世界大战一样，我们必须战斗，必须现在就投资以拯救我们所珍视的一切。

电池是新的子弹

全世界每年生产近 900 亿颗子弹。这个数字超过了乐高积木大约 200 亿件的年产量。这是一个多么该受谴责的统计数字啊！

子弹是什么，不过是包裹着高密度能量材料的金属外壳？电池是什么，不过是子弹大小的包裹着高密度能量材料的金属罐？如果使用像型号18650 锂离子电池这样的标准电池，我们将需要数万亿个电池来为未来提供动力。但是，既然我们能在 10 年内制造出 1 万亿颗子弹，我们肯定也能提高电池的产量。

如果要增加对赢得气候战争至关重要的几个东西的产量，例如：电动汽车、热泵、太阳能电池板、蓄电池、风力涡轮机，那将会是什么样子？我们能做到吗？

2019 年，全球太阳能行业的年平均容量增加了约 30 吉瓦，太阳能总装机容量达到约 127 吉瓦。这是实际发电，而不仅仅是只有在理想条件下才能实现的铭牌发电，太阳能行业目前正以每年 25% 的速度增长。2018 年，全球风能行业的年平均装机容量约 20 吉瓦，总装机基数约为 249 吉瓦，风能行业正以每年约 10% 的速度增长。2019 年，在全球售出的 7 500 万辆汽车中，110 万辆是电动汽车，电动汽车市场正以每年 20% 以上的速度增长。

正如我所展示的，一个完全电气化的经济只需要世界目前使用能源的一半。全球目前使用的能源大约为 16 太瓦，其中的一半是 8 太瓦，正如我们所看到的，这只是一个粗略估计，应该假设需求有所增长，所以我们估算电气化未来的需求约为 10 太瓦。以目前的增长速度，令人吃惊的是，到 2037 年，仅风能和太阳能就能满足这一总能源需求。按照目前电动汽车 20% 的增长率，到 2033 年，我们可以实现全球每年生产 7 500 万辆电动汽车的目标。

这是通过神奇的复合增长（compound growth）实现的。如果生产能力以每年 25% 的速度增长，产能在 3 年内就可以翻一番。这就是第二次世界大战制造业建设背后的逻辑：确定关键的战争物资，并坚持不懈地提高生产这些物资的速度。

第二次世界大战中第一艘自由轮的制造花了 244 天的时间。到战争中期，平均只花 42 天就能制造一艘。在一次公共宣传中，据说 5 天就完成了一艘。

想象一下，在如今气候危机的情况下，我们真正雄心勃勃地将这 3 种物资的产量增长速度提高了 1 倍：电动汽车的产量增长率就成了 40%；

太阳能电池板为 50%；风力涡轮机为 20%。到 2030 年，我们就可能以零碳的方式满足全球的能源需求。到 2028 年，所有的新车都可能实现零排放。

是的，这是一个英勇的计划。但在这个故事里，你在拯救生命的挚爱——地球，它值得所有人英勇一番。

ELECTRIFY

第 17 章

如何重新思考工业以应对其他环境问题

ELECTRIFY
零碳未来

- 让一切电气化是摆脱气候危机的直接途径。

- 环境问题比气候危机更严重。

- 为了实现零碳未来，我们必须重新思考工业。

- 在应对气候危机的同时，我们仍然会因为使用塑料造成海洋污染。

- 如果要解决过度消耗带来的问题，就需要把产品视为"传家宝"和可回收的产品。

如果我们继续用塑料使海洋窒息，用杀虫剂杀死蜜蜂，用过量的化肥和其他环境毒素来污染世界的水道，那么解决气候危机就没有多大用处。在工业生态系统中，既有气候危机，也存在其他环境问题。在解决气候问题以及其他消耗带来的负面影响方面，存在着很多双赢的机会。

我最初的学位是材料科学和冶金学，第一份工作是在铝冶炼厂、钢铁冶炼高炉厂和轧钢厂。除非因为漠不关心，否则我们没有理由相信不能大量减少这些行业的能源消耗，同时也解决与制造过程相关的大量其他环境问题。为零碳世界重新思考工业，是当今工业家们最激动人心的挑战之一。

实际上，美国工业部门是最大的能源消耗者（约32%），也是二氧化碳和其他导致气候变暖气体的巨大排放者。我们在图 4-5 中看到了这个部门的能源流向。根据测量能源消耗和碳排放的机构所下的定义，工业部门包括采矿业、建筑业、农业以及工业经济的最大组成部分——制造业。举个例子，在为工业提供动力所需的 32 quads 中，约有 1quad 用于制造化肥。化肥很好，我们也需要它，但我们并没有有效使用它。在保持更健康、更好的粮食系统和土壤的同时，我们很可能不需要这么多化肥。大量施肥和土壤管理不善，导致一氧化二氮的大量排放，这是一种比二氧化碳更具破坏性的温室气体。整个工业部门处处都有这样的可改善之处。

我们很容易理解，为什么汽车会从大量汽油中产生二氧化碳排放，为什么家庭供暖设备和炉灶也会产生二氧化碳排放。但是，我们很难理解，作为消费品被购买的东西是如何产生碳排放的。

我们在图 4-5 中可以看到，生产各类物质需要消耗多少能源。图 4-5 中的数据主要来自半年一度的美国工业和能源消费调查。我曾多次深入这个"兔子洞"，因为令人难以置信的商业和研究机会隐藏在工业部门的脱碳中。

了解能源在工业部门中的流动的一个有用的方法就是观察经济活动中的物质流。在图 17-1 中，可以看到我们移动了多少物质。

每年，美国从自然界中获取 65.44 亿吨物质，相当于每人 20 吨。有趣的是，这还没有算上二氧化碳。当我们燃烧 19.36 亿吨化石能源时，它们与氧气结合，产生大约 67 亿吨二氧化碳。如果把二氧化碳算作我们制造的东西之一，结果是令人震惊的，它的重量将超过物质流中所有其他东西的总和！

在沉醉于碳固存的宣传之前，我们需要先仔细思考一下。每年被埋下的二氧化碳，要比地下挖出的或从森林和田野中获取的二氧化碳还要多。这将是一个严重破坏环境的过程，而且需要建立第二个像我们现在所拥有的工业生态系统一样庞大的工业生态系统。

（单位：百万吨／年）

二氧化碳：4 912

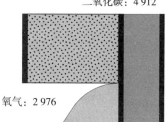

氧气：2 976

向空气中释放的氧气与二氧化碳

- -

国内开采：6 542

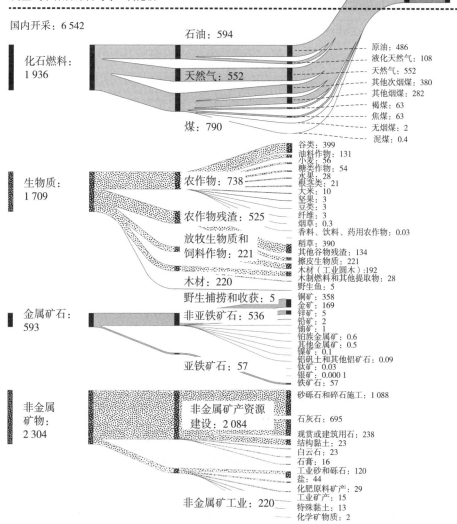

化石燃料：
1 936

石油：594

天然气：552

煤：790

---原油：486
---液化天然气：108
---天然气：552
---其他次烟煤：380
---其他烟煤：282
---褐煤：63
---焦煤：63
---无烟煤：2
---泥煤：0.4

生物质：
1 709

农作物：738

农作物残渣：525

放牧生物质和
饲料作物：221

木材：220

野生捕捞和收获：5

谷类：399
油料作物：131
小麦：56
糖类作物：54
水果：28
根茎类：21
大米：10
坚果：3
豆类：3
纤维：3
烟草：0.3
香料、饮料、药用农作物：0.03
稻草：390
其他谷物残渣：134
擦皮生物质：221
木材（工业圆木）：192
木制燃料和其他提取物：28
野生鱼：5

金属矿石：
593

非亚铁矿石：536

亚铁矿石：57

铜矿：358
金矿：169
锌矿：5
铅矿：2
铀矿：1
铂族金属矿：0.6
其他金属矿：0.5
镍矿：0.1
铝矾土和其他铝矿石：0.09
钛矿：0.03
银矿：0.000 1
铁矿石：57

非金属
矿物：
2 304

非金属矿产资源
建设：2 084

非金属矿工业：220

砂砾石和碎石施工：1 088

石灰石：695

观赏或建筑用石：238
结构黏土：23
白云石：23
石膏：16
工业砂和砾石：120
盐：44
化肥原料矿产：29
工业矿产：15
特殊黏土：13
化学矿物质：2

图 17-1　美国贯穿经济的物质流

从好的方面来看，这些巨量物质流让我们有机会思考什么是更理智的碳固存方式。看看这些物质流，尤其是那些较大的流动，问问我们自己，"真的能够埋藏或封存物质流中这么多碳吗？"如果谁能找到回答"是"的方案，他／她就能为应对气候危机做出巨大贡献。如果我们将碳以需要的规模储存在某个地方，它将需要被这些现有的大量物质流所吸收，例如移动的土壤，或在林业和木材产品里，或在混凝土和石膏板里。我帮助创立了一家可以安装石膏板的机器人公司，我们正在研究如何利用这一过程使墙壁成为碳汇（carbon sink），而不是碳源（carbon source）。它可能不像"空气直接碳捕集"那样令人向往，但它更可行也更合理。这实际上意味着，我们大规模碳固存的途径可能比联合国政府间气候变化专门委员会模拟的碳减排情景要慢。这意味着我们需要尽快弄清楚如何做，并立即行动起来。

通过技术改造，还有许多其他的提升效率和节约能源的方法，可以对工业能源流动产生实质性的影响。除了利用经济活动中的材料来封存碳，我们还需要开始思考：如何使用更少的材料来实现相同的目标，如何实现这些材料 100% 的回收率，以及如何使用毒性更低的材料。令人震惊的是，世界上 1/3 的儿童血液中的铅含量，已经超标。[1]

延长物体的使用寿命

工程师考虑产品的能源或碳足迹时，是根据其能值（embodied energy）或隐含碳（embodied carbon）来计算的。能值是生产某产品消耗的所有能量总和，我们可以认为它是包含在或隐含在产品中的能源，这很容易理解，这就是为什么我在计算时使用它作为参考数字。可以想象，根据材料生产过程中使用能源的不同，能值会有很大的不同。如果用零碳电力来制造所有这些材料，其中大多数的能值接近 0。既然我们关心的是能值，表 17–1 给出了合理的参考数字。

表 17–1　常见材料的能值和隐含碳的估计值

材料	能值（兆焦 / 千克）	碳（千克二氧化碳 / 千克）
混凝土	1.11	0.159
钢铁	20.1	1.37
不锈钢	56.7	6.15
木材	8.5	0.46
胶合层夹木材	12	0.87
玻璃纤维保温材料	28	1.35
铝	155	8.24
沥青	51	0.40
胶合板	15	1.07
玻璃	15	0.85
聚氯乙烯	77.2	2.41
铜	42	2.60
铅	25.21	1.70

但表 17–1 中的数据是假设这些材料只被使用一次。实际上，为了比较所有这些材料，我们还需要了解一个物体具有的能值和隐含碳是由下面这一等式决定的：

$$按物体效用计算的能源 = \frac{物质的质量 \times 能值}{使用寿命或者次数}$$

这个等式告诉我们一些非常重要的事情。为了减少对环境的影响，可以降低物体的质量，或者可以使用完全不同的材料。但关键是让该物体的使用寿命更长。

第一个策略是许多公司使用的材料优化策略。例如，从牙刷上刮掉几克塑料。这种类型的努力带来的节省通常是非常少的。作为一项策略，它类似于能源效率，虽然经常被炒作，但不太可能产生巨大收益。不过，设计师通常会使用更奇特的材料来实现这些重量上的节省，但代价是进一步增加产品的能值。通常典型的例子是使用碳纤维和奇特的复合材料。这些材料最终会制造出更轻的物体，但重量减轻的优势会被使用新材料增加的能值所抵消，而且通常还会被有毒物质的未来可回收问题所抵消。

第二个策略是许多公司使用的替换材料。这一点在所有竹子制成的绿色产品中都体现得很明显。人们把竹子和"绿色"联系在一起，但事实并非总是如此。"可持续"的竹制服装和织物经常使用有毒化学物质，或制作过程中使用了大量的水和热量。麻制纺织品被大肆吹捧的优点，也许是由那些穿着自己制造的 T 恤的人提倡的。它被一个不幸的事实所淘汰，即分离麻纤维所需要的水和热比棉花生产过程所需要的更多。

在大多数情况下，产品的使用次数或寿命决定了其可持续性。如果竹牙刷只能使用一次，这就是一个糟糕的主意。如果碳纤维自行车能使用 15 年、行驶 10 万千米，这就是一个很好的选择。

在评估未来整个经济的电气化需求时，我们不认为制造业会有其他的效率优势，尽管也会有很多需求。减少电力需求的一种方法，不过是少买和少丢东西。我们使用的绝大多数材料最终都进入了垃圾填埋场，而垃圾填埋场本身就是一个重要的排放源，因为被掩埋的纤维素会厌氧分解成甲烷（可以用来驱动发电机）。美国每人每天扔掉 2 千克东西，这个数字还在增加。记住，那些被扔进垃圾填埋场的只是个人物品。如果我们算上所有的道路和桥梁，以及消费者在购物中心和电影院里扔掉的东西，那么每天扔掉的大概是 45 千克！更令人惊讶的是，每个美国人平均每年使用 6

吨化石能源，这相当于每天产生大约 18 千克的碳，或超过 45 千克的二氧化碳。正如我们所知道的那样，没有办法把这一切都"扔掉"。

制造一个物体所消耗的能源，需要用它的使用寿命来分期偿还。这就是为什么一次性塑料是个糟糕的主意。这也是为什么让东西更环保的最简单方法，是让它使用寿命更长。我一直很喜欢这个想法：把消费文化变成传家宝文化。在传家宝文化中，我们会帮助人们购买更好、更耐用的东西，从而减少材料和能源的使用，这是一句古老谚语在环境方面的体现：富人买不起低质量的便宜东西。这句谚语说明了一个事实：制作精良的东西使用寿命更长。买质量好的东西并长时间使用，这再次涉及融资问题。通常，正确的选择在一开始比较昂贵。同样，政策制定者需要再次考虑，如何帮助消费者为正确的材料和产品选择提供资金。

汽车常常是技术专家们痴迷于能值的焦点，这是有充分理由的。一辆普通汽车，大约有一半的碳排放是在生产阶段产生的，这体现在它们的能值上。电动汽车让我兴奋的一点是，它们非常简单而且使用寿命更长。如果一流的电动汽车（我真希望有一天会有这样的东西），只通过更换可回收的电池组，就能行驶 50 年，那将会大量减少驾驶过程中消耗的能源。

据估计，制造一辆燃油汽车大约需要 125 吉焦能源。而由于更重，电池生产也更复杂，电动车需要 200 吉焦的能源。[2] 也就是 50 000 ～ 60 000 千瓦时。如果以非常高效的 200 瓦时 / 千米驾驶一辆电动车，只有驾驶这辆车行驶 30 万千米，它在行驶过程中所消耗的能源才能与生产过程中所消耗的能源相等。这意味着它不是真正的 200 瓦时 / 千米，而是 400 瓦时 / 千米。同样的计算方法也适用于燃油汽车。如果将每年美国售出的 1 700 万辆燃油汽车能值乘以 125 吉焦，估算结果为 2 quads 多一点（不好意思换了单位）。我们目前能源消耗的 2% 用于制造汽车！

设计和制造能够持续行驶 80 万千米的车辆，无疑是一个更好的主意。在 2018 年电动滑板车热潮期间，我计算了一辆普通滑板车的能值，并利用其平均 45 天的使用寿命来估算其每千米的总能耗，接近 560 瓦时/千米。这比福特探险者 SUV 的燃油经济性还差！

工业能源的使用和材料资源的使用是如此重要的话题，以至于美国能源部发表了关于我们在生产各种工业材料方面可以做到多好程度的出色研究，这就是所谓的能源带宽研究（Energy Bandwidth Studies）。[3] 它们值得一看，哪怕只是看看最大的能源消耗者和碳排放者有哪些。我将在下面介绍其中的一些研究。

能源带宽研究

钢铁

在钢铁生产过程中排放的碳是加热和加工钢铁所用能源产生的结果，也是最初制造生铁的过程中使用煤的结果。我们所有的钢都含有大量的碳，事实上，含碳量是衡量钢材种类的主要指标之一。低碳钢韧性好，强度高，而高碳钢通常更脆，但强度极高。

今天，炼钢过程中的大部分热量来自天然气，但没有理由不能来自清洁电力。世界各地都有公司在研究如何在钢铁中添加碳含量，而不必像在高炉中那样，添加煤炭使之氧化并产生二氧化碳。谁成功，谁就能获得"里尔登的合金财富"——请原谅我引用《阿特拉斯耸耸肩》（Atlas Shrugged）中的语句。

蒂森克虏伯公司已经找到了用氢气替代焦煤来炼钢铁的方法。在电气化的世界中，氢气的一个关键地位，就在于为制造业提供工业过程所需的高温。

钢铁是 100% 可回收的，但实际上只有 2/3 的钢铁得到回收。

混凝土

水泥是另一个能源消耗和二氧化碳排放大户，但我们还没有可以大规模生产的替代品。这代表着一个巨大的机会：罗马和希腊生产的水泥吸收了二氧化碳，这可能是一个回到未来使用水泥吸收碳的例子。水泥也是制造人类最喜爱的材料——混凝土所需要的。

我总是被混凝土的统计数据所震惊。美国每年人均生产近 2 吨混凝土！这种东西随处可见。民谣歌手乔尼·米切尔（Joni Mitchell）唱到"铺路到天堂"时，唱得恰到好处。

据估计，全球 8% 的碳排放来自水泥。其中一半的排放来自生产过程中所需的能量，另一半来自熟料的生产。熟料是一种以石灰为基础的黏合剂，它能将所有物质黏合在一起。石灰石（$CaCO_3$）受热生成石灰，即氧化钙（CaO），然后释放二氧化碳。

但事情并不一定非要这样。我们应该能够制造出在其整个寿命周期内都可以吸收二氧化碳的水泥。我们当然可以在建造过程中使用更少的混凝土。用混凝土覆盖地面会对排水系统、土壤等产生负面影响。我相信我们能做得更好。

美国混凝土路面协会的数据显示，用坚硬的混凝土而不是柔软的沥青铺就的道路能使汽车行驶里程更长。但真正的问题是，我们没有把铺设道路所消耗的能值计算到每辆车每千米的耗能中去。这意味着 400 瓦时 / 千米的估计还是有些保守了。

更重要的是，很少有混凝土得到回收，尽管其中一些成为更多道路的基础。

铝

大多数铝都是用电制造的，所以再一次强调，理论上我们可以在没有碳排放的情况下制造铝，但能源投入并不是碳排放的唯一来源。在今天用来熔炼铝的电弧炉中，电极是碳，这是它们大部分碳排放的来源。苹果公司 2019 年与美国铝业公司和力和力拓集团合作，生产了第一批无碳铝。[4] 我个人一直认为铝是一种神奇的材料，所以我很高兴美国正在开发无碳铝。

铝也是 100% 可回收的，但在美国只有大约 2/3 的铝被回收。

纸

理论上，纸（超过 2 quads！）可以成为零碳产品。造纸和制浆工业所消耗的大量能源主要用于分离纤维素纤维和将树木黏合在一起的木质素胶。无纸化办公的承诺并没有降低对纸张的需求，而且网上购物的便捷性增加了对纸板包装的需求。这听起来可能不吸引人，但更好的纸张和纸板行业对解决气候问题至关重要。

在美国，大约 63% 的纸和纸板可以得到回收。

木材

木材是好的。我认为木材是除书籍之外的第二好的碳固存方法！要使用更多木材，就意味着我们需要更好的林业管理。人们已经在建造木制的多层房屋，而且木材确实是一种完美的可持续建筑材料，但世界上没有足够多的木材让每个人拥有一个木制房子。

我曾经种了 3 万棵树，我说过，我有一个奉行环保主义的母亲，当时她试图为一些濒危鸟类创造栖息地。这些树中有许多已成熟。其中的一些可能是我一生的建筑材料和碳固存的来源。更多的森林，管理更得当的森林，以及更多耐用的木材产品，会是一件好事。

玻璃

玻璃基本上可以无限循环使用，但生产它确实需要大量的能源。这是因为玻璃的熔点很高。

我们越来越擅长制造更坚固、更薄、更结实的玻璃，但也许我们真正需要的是一种文化转变，转向可重复使用的玻璃包装。它比用塑料储存食物更干净，化学成分也更安全。

每当我收到那种无处不在的塑料外卖餐盘时，我就会想，如果在 50 年前，它会被吹捧为储存食物的奇迹。还记得特百惠吗？ 200 年前，它的价值就像我们珍视的金、锡和银的价值一样高。现在，它们只用一次就被扔掉了。然而，它没有"离开"环境，所以让我们开始考虑可重复使用的玻璃。

但玻璃并不总是解决问题的办法。玻璃瓶很重，而且通常是一次性的。如果我们要喝酒，就得整桶买。我们曾经有家酿葡萄酒的文化习俗，这是值得恢复的，许多意大利人仍然用这种方式购买或制作他们的葡萄酒。或许有些人没有地下室的酿酒桶或储酒桶，那么至少可以考虑用铝罐来替代玻璃瓶装饮料，因为它们更容易回收，也更轻。

如今，美国只有 34% 的玻璃得到了回收。

塑料

在本书中，我没有写太多关于海洋塑料的问题，也没有写更可怕的塑料污染噩梦，但这是一个巨大的担忧。化石能源行业从低利润的能源供应行业扩展到高利润的塑料行业，这或许并不令人意外。他们的项目取得了惊人的成功，遍布海洋的塑料就是明证。

我们需要将改变消费行为和发展新技术结合起来解决这个问题。我希望生物衍生塑料是可生物降解的。这是一个急需解决的重要问题，因为我们目前每天使用的塑料在生产过程中会产生大量的一氧化二氮和其他气体，这些气体对我们的大气甚至比二氧化碳更有害。[5] 除非我们迅速改变，否则单单塑料就能排放剩余碳预算的 10%～13%。[6] 这并不如想象的那么明显。

塑料有又大又长的碳骨架，而且可以永久存在，所以可能有些人会认为，我们可以将碳固存在塑料中，也许我们应该开采石油来塑造巨大的塑料恐龙，然后把它们重新埋起来以吸收碳！实际上，这正是大多数人的碳固存计划。但是，在制造烯烃（大多数塑料的前身）的过程中，会排放出大量的一氧化二氮。

塑料的回收情况并不乐观：在美国，只有不到 10% 的塑料被回收。

所以回收是行不通的，我们需要一种全新的方法来制造塑料。但即使我们这样做了，它们仍然会聚集在海洋中。正因为如此，我认为应该使用纸、玻璃、金属和更多可重复使用的容器。

我们也应该在合成生物学或其他途径上大量投资，以获得一种能像树叶那样快速生物降解的新型聚合物。毕竟，树叶最终不会变成海洋微塑料。

我们应采取明智的行动，研究和发明不会破坏环境或使用多余能源的材料，并对这类研究和发明进行投资，特别是聚合物。在这个领域，生物学和自然界可以教给我们很多东西。

材料加工

将材料加工成我们使用的物品要消耗大量的能源。当我学习冶金学的时候，我们把它叫作"加热和加工"，也就是把东西加热，然后用锤子之类的东西进行塑形。如果谁能想出一个更好的方法来做这些事情，解决这些环节的能耗，如研磨材料（0.49 quads）、电化学加工（0.16 quads）或食品加工（1.11 quads），他 / 她就能成为这些新产业的领袖。

虽然我们家里的大部分热源是低温的、沸点以下的热水和热空气，但工业中使用的大量能源是高温热量。这种热量用来弯曲钢、熔化铝和烘烤陶瓷。这种高温热量无法通过热泵的效率技巧获得，而是依赖于其他提高能源效率的途径。如果能找到合适的技术来避免高温或者清洁生产，那么在电气化的未来就有很多机会建立价值数十亿美元的制造业企业。

零碳未来可用的材料

许多可再生能源技术的关键部件依赖于稀土金属，如钕①、钪和镱。用于高能磁体和电子产品的稀土金属实际上并不像其名称所暗示的那样稀有。它们的成本对电动马达和电池等关键部件构成了挑战，因此找到减少对它们的需求数量的方法可以降低这些设备的成本。

为电池、电机和碳纤维开发强大而高效的回收途径，将有机会通过降低材料成本而进一步降低关键部件的成本。

我前面已经解释过，每个人需要大约 4 000 瓦的不间断能源供应，才能过上零碳生活，这相当于一个 2 万瓦的太阳能阵列。一个 400 瓦的太阳能组件重约 20 千克，也就是每千克 20 瓦，这意味着我们每个人都需要一个 1 000 千克重的太阳能阵列。这个阵列还得持续 20 年左右，这意味着我们每年需要为每个人建造大约 50 千克的太阳能阵列。我们可能会想出如何让这些阵列使用时间更长、工作效率更高，以及如何让它们更薄、更轻，但即使是每人每年需要 10 或 20 千克，它们也将是大量的电子垃圾。

同样地，在本书介绍的脱碳计划中，一个四口之家需要大约 200 千瓦时的电池才能正常生活。以目前的电池效率及其 7 年的使用寿命，我们每人每年将消耗 30 千克的电池。显然，我们需要考虑让太阳能电池板、风力涡轮机和电池使用寿命更长。我们需要弄清楚如何 100% 回收其中的材料。或许可以将前几章建议的联邦融资与联邦回收返利挂钩以激励回收和再利用，比如在某些地方，某些瓶子的回收价格是每个 5 ～ 10 美分。

---

① 用于制造电脑、手机、医疗设备、电机、风力涡轮机和其他电子产品中的强力磁铁。

世界上大部分钴矿是在西非、赞比亚和刚果民主共和国开采的。钴是电池和其他电子产品的关键组件。我拜访了我亲爱的朋友露易丝·利基，我应该经常给她写信，她是非常著名的利基家族的当代成员，她不仅研究人类的发源地东非大裂谷的进化起源，而且还是非洲那些令人叹为观止的野生动物的重要保护者。

露易丝的父亲理查德因他的飞机遭到蓄意破坏失去了双腿，因为他领导了一场反对象牙交易的运动，象牙交易正危及大象的生存。露易丝的丈夫，比利时王子伊曼纽尔·德·梅罗德（Emmanuel de Merode），一生致力于保护刚果的维龙加国家公园，包括高度濒危的山地大猩猩。伊曼纽尔中了好几枪（就像利基家族影响范围内的所有人一样），并活下来讲述了这个故事，同时他还努力阻止提供钴的矿业公司侵犯这些珍贵的栖息地。如果我必须去选择，要一个没有大猩猩的世界，还是一个没有电动汽车的世界，我会选择消灭电动汽车，留下大猩猩。

钕和其他稀土金属的情况只比钴好一点点。在开采这些金属半个世纪后，人们已经意识到开采它们遗留下巨大的有毒痕迹，更不用说相关的工作防护问题。

这里是为了强调，我们需要在采矿方面做得更好，也需要在回收利用方面做得更好。我们应该把更多的国家科学预算花在开发这些奇特材料的替代品上，或者用不那么奇特、不那么有毒的材料来设计电机。

但即使是不那么奇特的材料也可能存在巨大的问题。我在澳大利亚长大，那时澳大利亚的矿业公司正在巴布亚新几内亚的热带雨林中大肆破坏环境。整个山坡都被毁了，只为给我们带来用于制造电子产品和电线的铜。

事情原本不必是这样的。我有很多很好的朋友，他们致力于利用生物学知识，来降低我们所需东西的毒性。我的朋友德鲁·恩迪和我以前在麻省理工学院的教授汤姆·奈特（Tom Knight）开创了一个叫作合成生物学的领域。它利用细胞制造的动力来生产生物材料。到目前为止，它主要被用于研发疗效更好的药物，但我相信他们更大的前景是解决大宗材料问题。

同样在麻省理工学院，我上过与生物材料相关的课。在课上，我们就如何创造具有骨骼、竹子、指甲和丝绸等令人难以置信的特性的材料进行头脑风暴，但在数量和样式上，它们适用于清洁、绿色的工业制造基础设施。当我告诉人们我想用指甲做冲浪板时，他们以为我要剪很多脚指甲，但我真正的意思是用有机材料制造冲浪板。恩迪现在主张把蘑菇，或者更具体地说，是它们产生的菌丝体纤维，用于制作包装、绝缘材料和建筑材料。我们共同的朋友菲利普·罗斯（Philip Ross）正在用菌丝体纤维制作非常棒的皮革替代品。

我朋友菲奥·奥梅内托（Fio Omenetto）在塔夫茨运营一个丝绸实验室。他和我一起绞尽脑汁，想用生物学知识创造各种各样的东西。他现在最喜欢的植物是诚实花，这是一种神奇的植物，具有反射性，也能像野草一样大量生长。他设想在地球工程计划中使用它来改变地球反照率。反照率是对表面反射率的测量，比如雪或泥土表面。如果地球上更多的地方被雪覆盖，就会有更多的光被反射到太空中，我们就会减缓或逆转全球变暖，这就是为什么失去冰川和北极冰是很可怕的，因为反光的雪被吸收光的水或石头所取代。

我正试图说服奥梅内托应该开始用诚实花做闪光粉。如今的闪光粉是一颗由塑料制成的有毒的小"定时炸弹"，有时还会用薄金属片制成（为了闪光）。所以，对于所有婚礼上的宾客和孩子们来说，他们喜欢闪闪发光的东西，而且也想要闪闪发光的干净海洋，我们应该利用这种神奇小植物的力量，来制造可生物降解的闪闪发光的东西。我想把这种东西命名为"美人鱼亮片"，因为它既能发光又不会呛到鱼——这就是为什么他们把我分配到了实验室而不是让我去做市场营销的工作。

环境、大象、大猩猩、鱼类、美人鱼，它们都值得拯救。正是这些事情促使我一开始就投身于寻找电气化解决方案的事业。正是这些东西让世界变得丰富、美丽和迷人。

我们可能会被迫为了解决气候危机来拯救人类，或拯救生物，或两者兼而有之。但如果我们在这一过程中失去猿、海豚和北极熊，这就算不上什么胜利了。

我在世界各地的实验室、大学和公司的同事们都有信心，我们可以共同找到答案，建设一个我 7 岁和 11 岁的孩子应得的零碳未来。

这需要所有人的行动。

用"是的，而且……"思考关于气候的其他重要问题

　　我希望读者能够理解本书的主要论点，而不是纠结在太多的细节上。在本书中，我将试着为你提供聚会上的谈话要点，这些要点是为人们不可避免地对本书主要论点提出的主要问题所准备的。每个主题本身都值得出一本书。如果我这么快就驳倒了你最支持的论点，或者你觉得我没有做到，那我们或许应该找个时间一起喝一杯。

是的，而且……那么碳固存呢

　　如果碳固存是个好主意，它将是一项值得支持的伟大技术。它之所以吸引人，是因为它给了我们一种错觉：如果我们能找出如何把排放的气体从空气中吸回来的方法，我们就可以继续燃烧化石能源。

　　这个想法源于数百万年来保持地球平衡的自然过程。树木、植物和微生物进化到可以将大气中的二氧化碳转化为有用的产品，即有机燃料或木材。它们利用一连串精妙的化学反应和酶来实现这一点。植物在它们的叶

子和树枝上创造了很大的表面积，这使得它们能够很好地从大气中吸收二氧化碳。地球上所有的树、草和其他生物"机器"每年总共吸收大约 2 亿吨的碳。相比之下，燃烧化石能源每年排放 40 亿吨碳。想象一下，我们可以造出比所有生物工作性能好 20 倍的机器，这是化石能源工业为了让他们继续燃烧而创造的一种幻想。

在考虑碳固存时，首先应该提醒你，40 亿吨二氧化碳是多么地惊人。如果你有一套巨大的天平，把人类制造或移动的所有东西放在一边，把我们产生的所有二氧化碳放在另一边，那么二氧化碳的重量会更重（见图 17-1）。

碳固存最糟糕的方式也同样是最诱人的：从稀薄的空气中捕获二氧化碳。这在精力上是很困难的，我的意思是说，就像抛接婴儿、保龄球、电锯和燃烧的提基火把一样困难。你必须从 100 万个分子中挑选出其中的 400 个碳分子，然后说服这 400 个碳分子变成它们本来不想变成的东西：液体，或者更好的是固体。这种分类和转换需要消耗大量的能源。即使我们能让它正常工作，也必须用零碳能源来运行它，这就像使用零碳能源来满足我们的能源需求一样，只是增加碳固存这一步骤会变得更复杂、更昂贵。政府应该持怀疑态度，在合理的范围内资助碳固存的研究，理解这是一项神奇的技术，一项我们想要，但技术上不需要，而且可能负担不起的技术。

从空气中捕获碳，就像在干草堆中寻找一根针的寻宝游戏——需要观察 2 500 个分子才能找到 1 个二氧化碳分子。为了上下文的理解，打个比方，寻找沃尔多（Waldo）① 要容易得多，在各种书中，沃尔多出现的"浓

---

① 美国著名的纸面游戏，玩家需要尽快在纷乱的画面中寻找到身穿红白格子衫的沃尔多。——译者注

度" 为 1 200 ~ 4 500 ppm[①], 或者更准确地说, 可以用 wpp 做单位, 表示人群中的沃尔多 (Waldos Per People)。[1]

更严肃地说, 关于这个话题的论文, 我认为信息量最大的一篇是哈佛大学的库尔特·曾·豪斯 (Kurt Zenz House) 和他的同事们写的。[2] 豪斯从化学第一原理 (chemistry-first principles) 分析碳捕集, 并对任何声称能够以经济有效的方式从周遭空气中分离二氧化碳的人设置了很高的门槛。他们推算捕获每吨二氧化碳可能要花费 1 000 美元, 最乐观的估计是每吨 300 美元。如果我们使用可能过于乐观的数字, 这就相当于在燃煤发电成本上增加 30 美分 / 千瓦时, 或者在天然气成本上增加 15 美分 / 千瓦时。我们应该把时间和金钱投资在那些会起作用的事情上。

一个稍微好一点的主意是, 在烟囱里捕获高浓度的二氧化碳气体, 然后用某种方法把它埋起来。这比在大气中分离二氧化碳要容易一些, 因为对于一些化石能源来说, 你可以从烟囱中浓缩的二氧化碳开始, 而不是必须从大气中去过滤已经稀释的气体。

这听起来很不错。但是, 当燃烧化石能源时, 我们将它们与氧气混合 (这就是燃烧的意义), 在这样做的过程中, 燃烧后的燃料变大了很多 (气体也使它们变大)。化石能源碳固存背后的想法, 基本上是把碳塞回其由之而来的地下洞穴里。但是, 即使把二氧化碳重新压缩成液态, 不仅花费更多的能源和金钱, 其体积也会比最初从地下获取时大得多 (大约 5 倍)。这是因为当它出现的时候主要是碳, 当它返回的时候是碳和很多氧。人们建议把碳放到其他地下储存库, 或者放在海底, 那里的水压可以抑制它。

---

① 　ppm (parts per million) 是用溶质质量占全部溶液质量的百万分比来表示的浓度, 也称百万分比浓度。——编者注

但是，一旦出现漏洞，所有的努力成果就会成为泡沫。

反对碳固存的经济理由是，在大多数能源市场上，可再生能源已经可以与煤炭和天然气竞争，而碳固存增加的费用将不会帮助化石能源更有竞争力。碳固存的代价将敲响化石能源的丧钟，这种说法不无道理。

尽管在烟囱封存碳是个坏主意，但是化石能源行业仍然提出捕获汽车、火炉或厨灶中更分散排放的碳这些更坏的主意，混淆了美国公众的视听。这些排放非常分散，它们是在 710 万千米的美国天然气管道分配网络和 2.6 亿个排气管的熔炉和炉顶端产生的。从这些来源收集二氧化碳，并将其转化成一种不会进入大气的形式，几乎是难以想象的困难。

除了显而易见的维持运营的惯性，化石行业用碳固存来捍卫化石能源，考虑的主要是其自身利益。通过将这些二氧化碳注入地下，该行业可以迫使更多的化石能源回流。事实上，迄今为止，人类所封存的大部分二氧化碳都被用来帮助石油和化石能源的复苏，这进一步加深了我们对化石能源的依赖。这是一个昂贵的、多层的坏主意蛋糕，上面撒着利己的糖霜。

让这些想法统统走开吧。

是的，而且……那么天然气呢

天然气听起来很无害，就像能源版的有机甘蓝。但尽管有"天然"的标签，它仍主要是甲烷，再掺上一些乙烷、丙烷、丁烷和戊烷。当天然气燃烧时，像其他化石能源一样，会向大气排放二氧化碳、一氧化碳和其他碳、氮和硫化合物，造成全球温室气体效应和当地空气污染。不要被那些从混乱中获利的人所迷惑，他们将天然气作为通向清洁能源未来的 "桥梁燃料"。作为一种碳排放量更多的燃料，煤炭负面效应广为人知的时间更久，但如果考虑到无组织排放（fugitive emission），天然气也产生同样的污染。天然气是一座不安全的、正在坍塌的、无处可去的桥梁。我们用天然气烧了这架桥。

是的，而且……那么水力压裂技术呢

水力压裂，或者水压致裂，是将加压的液体泵入井眼，使周围的岩石破裂，从而使天然气和其他碳氢化合物更容易提取。这种技术以及伴随而来的水平钻井革命，在完全错误的历史时刻，为我们带来了廉价的天然气。

水力压裂法直接从矿区喷出甲烷，抵消了燃烧天然气而非煤炭带来的微不足道的优势。它还会从其配送管网中泄漏。开采天然气还有许多其他潜在的问题，比如地下水污染和造成地质结构不稳定。更重要的是，这极大地分散了人们对我们所知的零碳能源的注意力，例如：太阳能、风能、核能、水泵、电动汽车和热泵。

是的，而且……那么地球工程呢

我们已经在做地球工程了，只是做得不好，因为我们在加热地球，破坏地球的肺。燃烧化石能源是导致气候危机的地球工程，问题是，我们能不能有好的地球工程来替代它？

地球工程不是一种脱碳策略。这是一个希望控制地球的温度，同时放弃二氧化碳的策略。许多关于地球工程的早期论点是，我们应该知道如何

去做，以防世界对气候危机漠不关心。我们现在知道多种缓解气候危机的地球工程方法，其中大多数方法是管理来自太阳的能源流向。你可能听说过这些想法：巨大的太空镜子，在大气中散射反射粒子，或者人工生成的云。在一个像地球这样复杂的生态系统中，所有这些想法都会产生意想不到的影响。

支持地球工程，也会让我们永远依赖于未来的地球工程解决方案。这有点像用抽脂来解决肥胖问题，而这只会使你一直吃芝士汉堡。即使它能起作用，我们也不能忽视本书其余部分提出的更好、更清洁的解决方案。

试图控制气候涉及很多问题。谁来设定温度？地势低洼的岛民，热爱珊瑚的人，还是可能从气候危机中受益的北欧人？我们并不真正知道地球工程会带来的所有意想不到的后果，不管是环境的、社会的还是政治的。

研究地球工程方案是一个好主意，它确实有助于我们更好地了解地球系统，但这不是一个现实的或永久的解决方案。它还可能从已知的可以解决问题的技术方案中抢夺大量资源。

是的，而且……那么氢呢

许多人认为，氢将提供一种脱碳的途径。但氢不是一种能源。氢不会被发现，它是一种以气体燃料形式存在的"电池"。化石能源行业很乐意推广氢的构想，因为今天销售的大部分氢实际上是天然气工业的副产品。地球上自然存在的气态氢只有极少量。为了制造和储存无碳的氢，我们首先要制造电力，来驱动一个叫作电解的化学过程，这个过程的效率并不高。然后我们必须捕获氢气并将其压缩，这将多消耗 10% ～ 15% 的能源。然后我们再把气体解压并燃烧，或者把它通入燃料电池里。在这个过程的每一步，我们都会损失更多的能源。

作为一种电池，氢是相当普通的。对于一开始输入的 1 个单位的电，另一端输出的电量可能不到开始的 50%。这就是所谓的 "往返效率"（round-trip efficiency）。要用氢气来驱动世界，我们需要产生 2 倍于现在发电量的电力，这本身就是一个巨大的挑战。记住，化学电池通常有 95% 左右的往返效率。

德国和日本在氢能源上投入了大量资金，因为他们没有国内的天然气，他们想得到与汽油的能量密度相同的东西。理论上，每千克氢的能量密度约是汽油的 3 倍（分别是 123 兆焦 / 千克和 44 兆焦 / 千克）。但氢气必须被压缩，并被储存在一个由特殊材料制成的燃料罐中。燃料罐比氢气本身重得多。如果把燃料罐所消耗的能量也算进去，氢的能量密度大约是汽油的 1/4，只比电池的能量密度高一点点。

我创办了一家名为 Volute 的公司，专门制造更好的天然气和氢气压缩罐。这项技术现在被授权应用于这两个行业，所以即使有人会从氢经济中获得巨大的利益，我也很有信心地去说，它最终只会成为一个利基玩家。我们可以讨论利基市场的规模，例如，氢气可以作为工业过程（如炼钢过程）中的高温气体，还可以解决一些运输问题。

氢是有用的，但它不是答案。

是的，而且……那么碳排放税呢

征收碳排放税不是解决问题的办法。碳排放税是一种市场修正，旨在使所有其他解决方案更具竞争力。碳排放税的设计，是为了缓慢提高二氧化碳的价格，使化石能源失去竞争力。基本的想法是，足够高的碳排放税将使所有的化石能源比至少一些其他解决方案更昂贵，然后一个完全理性的市场将使用那些更便宜的清洁能源解决方案。

如果我们在 20 世纪 90 年代就开始征收碳排放税，或许现在就已经足够了。但是，为了让碳排放税达到我们现在需要的 100% 采用率，税收必须迅速增加。这些政策也很难实施，而且是递减税，对低收入人群的打击最大。

取消化石能源补贴可能同样有效，在许多市场，这将使天平向替代能源倾斜。等到我们有实施碳排放税的政治意愿时，带电池的可再生能源将比化石能源更便宜。

碳排放税有助于实现材料经济和工业经济难以达到的脱碳终点，但其速度不太可能足够快到将家庭供暖转变为使用热泵，将汽车从燃油汽车转变为电动汽车。

是的，而且……那么技术奇迹呢

技术奇迹包括核聚变、下一代核裂变、直接太阳能整流、机载风能、高效热电材料、超高密度电池，以及其他我们无法想象的技术突破。事实上，所有这些神奇的技术都将有助于脱碳的各个组成部分，我们应该把它们作为研究课题进行投资。如果管理得当，其中一些可能会开花结果。然而，把零碳未来押注在出现奇迹上是不明智的，因为留给我们解决气候危机的时间太短了。任何雄心勃勃的技术，都需要几十年的时间来开发和扩大规模。我们没有几十年的时间。

真正的奇迹是：太阳能和风能是现在最便宜的能源，电动汽车比燃油汽车更好，电辐射供暖比现有的供暖系统更舒适，互联网是对未来电网的一次演练和蓝本。

是的，而且……那么现有的公共事业单位呢

没有公共事业单位，我们就不可能赢得这场气候战争。我们需要他们提供比现在多 3 ~ 4 倍的电力。他们注定是我们清洁能源未来的重要参与者。

公共事业单位应该是这个计划的天然领导者，能源创新公司（Energy Innovation）的首席执行官哈尔·哈维（Hal Harvey）指出公共事业单位具有的 5 个价值特征：100% 市场渗透，100% 计费功效，100% 电力使用的知识（如果他们想知道的话），获得低成本资金的能力，以及在每个区域内有着令人难以置信的当地劳动力。

要当心那些把天然气业务置于电力业务之上的公共事业单位。如果你真的想有所作为，那就进入自己所在州的公共事业单位，并把它引向正确的方向。

是的，而且……那么与能源无关的排放呢

本书主要关注与美国能源系统相关的大约 85% 的温室气体排放，它们占我们排放的绝大多数。[3] 其他排放来自农业部门、土地使用和林业部门，以及工业部门的非能源使用。如果我们像本书建议的那样，动员起来应对气候危机，这也将解决大部分的工业非能源排放以及其他两种排放的一些问题。我们需要做的 85%，是将能源供应脱碳。另外的 15%，是关

于人们正在成功地制造和销售的人造肉，创造出没有可怕制冷剂排放的冷却途径，以及使用氢气生产钢铁和零碳产铝。正如在第一章提到的，我必须相信，如果我们致力于这85%的工作，那些聪明而有激情的人也会在剩下15%的工作中尽自己的一份力。

是的，而且……那么农业呢

激发中部地区创造力的"登月计划"，正在用另一种农业形式取代有害的单一栽培系统，这种农业形式不仅能够封存碳、修复土壤，同时还能防止河流、河口污染和海洋的农药和化肥流失。我们世界一流的赠地大学体系应该能够在这方面取得成功。

是的，而且……那么肉类呢

肉类有很多问题——任何一个素食主义者都会这样告诉我们。一个原因是种植动物饲料所需的土地数量，另一个原因是牛羊等反刍动物会释放甲烷，甲烷是比二氧化碳污染更严重的温室气体。少吃肉仍然是消费者减少气候影响的最简单的决定之一，但光靠它无法解决气候问题。在基础设施规模上，更好的土地管理和新的低碳农业替代品，将降低偶尔吃肉的影响。我的老朋友戴维·麦凯曾打趣地说，在苏格兰，利用太阳能的最佳方式是养羊和吃羊。并非要完全不吃肉，但我们确实需要更加注意自己的饮食方式。

是的，而且……那么零能耗建筑呢

无净能源输入的高效住宅建筑标准是一个好主意，比如德国高效节能的"被动式住宅"（passivhaus）。考虑到追溯物质和能源流向所具有的复杂性，究竟什么是无净能源输入，还有待讨论。有些人会说，有了足够好的被动式住宅，就不需要热泵供暖了。这可能是对的，但我们必须为已经建成的房子和未来要建造的房子解决这个问题，在美国，每年只有 1% 的住房是新建的。

这些房子，无论如何建造，都将成为稀有之物。请记住，只有大约 2% 的房子是由建筑师建造的。大多数房子都是由承包商根据共同的计划建造的。我认为被动式住宅和其他类似的建筑计划是一个很棒的"图书馆"，里面包含有建造节能房屋的各种好主意，甚至是一些改造主意。我们所有人，尤其是建筑师和建筑商，应该接受这些想法并创造更多好主意。

也许对德国产生更大影响的是文化上的转变，这种转变使得居住在更小、更简单的房子里更受欢迎。移动房屋的文化口碑很糟糕，但它们的碳足迹比传统房屋小，可以为人们采用现代脱碳家庭基础设施提供一种最快的途径。

是的，而且……那么世界其他地方呢

美国的碳排放量占目前全球年排放量的 20%，尽管历史上它的排放量占比更多。然而，如果美国可以带头，一旦其他国家看到这样做的经济优势，他们很可能会效仿。在这些 21 世纪的关键产业中，先行者将占有最大份额。

是的，而且……那么我们能生产足够的电池吗

毫无疑问，我们需要很多电池。不过，考虑到美国目前的制造能力，这并非不可能。在未来 20 年，要用电动汽车取代 2.5 亿辆个人汽油动力汽车，我们将需要超过 1 万亿个电池，或者说每年大约需要 600 亿个 18650 型号电池，相当于当今全球制造 900 亿颗子弹。它的直径为 18 毫米，长度为 65 毫米，略大于手电筒中的 AA 碱性电池。我们需要的是电池，不是子弹。

是的，而且……那么飞行呢

飞行每分钟消耗大量能源，但每千米却不是。每名乘客每千米旅行所消耗的能源，大约与一辆载有 1 名乘客的汽车所消耗的能源相同。也就是说，减少飞行次数，是个人减少能源消耗的最有效的方法之一。

在电气化的未来，800 千米以下的短途飞行将使用电力，这将通过增加电机和电池的功率密度来实现。长途飞行将使用生物能源来获得足够的航程。美国的客运和货运航班总共需要 2 quads，而军事飞行则需要另外 0.5 quads。美国可以生产大约 10 quads 的生物能源，很容易满足飞行用的需求，此外还有其他难以电气化的东西，比如建筑和采矿设备，它们加在一起，又增加了 1 ～ 2quads。

我有几个朋友开了电动飞机公司，他们非常看好这种会飞的"汽车"。我另一个同事准确地说：在 130 千米 / 时的速度下，让汽车保持在地面上比让它飞行需要消耗更多的能量，让汽车轮胎保持在地面上要消耗很多能源！我们甚至可以说服自己，小型电动飞机的每名乘客每千米的能源效率将与电动汽车相似。如果我们不带行李，这结论是对的，但如果带了很多行李，就不是这样了。而且，如果我们能快速地飞到任何地方，我们会飞得更多，而失去额外飞行里程的好处。因此，我预测这仍将是培育亿万富翁的领域。

是的，而且……那么自动驾驶汽车呢

就像会飞的汽车一样，自动驾驶汽车已经抓住了公众的想象力，更不用说那些试图从自动驾驶汽车中获利的利己主义者了。据推测，它们将减少交通堵塞和排放。这几乎可以肯定不是真的。当人有了专职司机，他们会开得更多，甚至偶尔会让自动驾驶汽车穿过城镇，去买他们最喜欢的三明治。[4] 自动驾驶汽车几乎肯定会增加行驶里程。

在出租车市场，有一种被称为 "载客里程" 的概念，是出租车没有乘客的行驶里程与有 1 名乘客的行驶里程之比。对于出租车来说，这一比例约为 1.7，意味着一辆汽车必须行驶 1.7 千米才能让一名乘客移动 1 千米。优步和来福车颠覆了出租车行业，将这一数字降至约 1.4。这或许可以很好地反映出，随着自动驾驶汽车的广泛应用将会发生什么，那就是仍然会有空载里程发生。即使我们都开车去相同的地方，行驶里程也将增加 40%。老实说，这是又一款硅谷蛇油①。

是的，而且……那么核能有什么危险呢

美国在核能方面一直处于世界领先地位。美国海军拥有世界上规模最大的小型核反应堆舰队，并拥有无可挑剔的安全纪录。核能是电气化的一种形式，它完全符合抗击全球变暖的计划。目前，核电向美国电网输送了大约 100 吉瓦的可靠电力。保持或甚至雄心勃勃地增加这一数字，无疑会使气候解决方案变得更容易。今天最准确地估计，核能的成本大约是风能和太阳能的 2 倍。毫无疑问，由于工程技术的进步，这些成本可以大幅削减，因为这些电厂大多是在 50 年前设计的。

---

① 指过度营销。——译者注

核能对健康的影响已得到充分研究。核能并没有我们想象的那么危险，这一点已经得到证实。但就像鲨鱼袭击这样的低概率事件带来的恐惧感一样，可能释放辐射的低概率事件，也会引发我们的恐惧。我们可以通过像建设尤卡山核废物处置库这样的专用基础设施，来进一步降低这种可能性。但事实是，40 年来，政策制定者还没有足够的能力说服人们投资这种基础设施。除非我们在废物处理方面取得突破，否则核能仍将是一个非常困难的政治话题。

是的，而且……那么种树呢

是的，我们应该这样做，至少投资 1 万亿美元。让大家拿起铁锹来种树！

最佳的种树时间是 30 年前，其次就是今天。

去种一棵让孙子孙女可以爬的树吧。更好的是，一口气种上 3 万棵。

我们可以做些什么来改变现状

该去工作了。不要问你的星球能为你做什么，而要问你能为你的星球做什么。每个人都有自己的角色。

你的第一个角色是公民。努力改变现状，支持 21 世纪的解决方案，应对 21 世纪的挑战。很多事情都会改变，我们要抓住那些真正重要的事情。要解决气候危机，我们需要不太可能的联盟。我们需要让各行各业的人们坐到谈判桌前，无论是城市的还是农村的，政府界的还是商业界的，无论是年轻人还是老年人。

如果你有资格投票，是时候投票给那些认真对待气候危机的政治家了。如果你支持这些政治家，并且他们制定了一项像本书中所论述的那种目标远大的计划，我们所有人都将拥有光辉的未来。如果你不这样做，接下来的 100 年将会是相当严峻的。就像新冠疫情提醒我们的，那些看似偏僻、遥远的威胁，可能比我们预想的爆发得更突然。就像新冠疫情一样，尽管专家们发出了警告，但不知何故有人认为这似乎不太可能，而一场更大的风暴正在酝酿，所以我们应该早做准备。

像新冠疫情这样的事件，可能会损害旧的经济系统，但它是一个向新经济转变的机会。我们可以维持这样一种经济：从一个可以预测但没有预防行动计划的灾难跟跄到下一个，结果发现我们在 21 世纪中叶陷入了一系列无休止的气候危机引发的灾难，坦率地说，这些灾难将让新冠疫情看起来像一场野餐。或者我们可以现在就醒来，开始建设一个更美好的未来。这个项目有能力成为新经济的基础，让更多的人拥有比以往任何时候都更好的工作。

如果你还没有到投票的年龄，你可以考虑用各种方式起诉那些正在窃取你未来的成年人和行业。你可以生气，也可以发挥创造力，但记住，在这一过程中要开心，要建立伟大的友谊。把自己连到藩篱上，去爱你身边充满热情的先进分子吧！

如果你是一个消费者，那就不要太关注那些小采购决定。虽然购买一大罐洗发水可以减少塑料的污染，或者购买可以用作堆肥的纯天然衣服可能也会有助于环保，但最重要的是去关注重大采购决定。你的下一辆车必须是电动的。你需要尽你所能让房子用上太阳能。如果你打算买房子，可以考虑小一点的或可移动的房子。任何投资于房子把它变成一个可以回馈电网的大电池的决定，对气候危机的影响都比你做的任何其他采购决定要大。

如果你是一个农民，这是一个重新想象农业文化的绝佳机会。农民及其高产的土地，对全球气候成功至关重要。让我们的土地具有生产力，让它们吸收碳于土壤中，而不是释放碳。

如果你是一名工程师，那就有很多工作要做。开始工作去敲定我们零碳未来的细节吧。设计新的电网,让产品更可靠、更耐用、更实惠。去挤出提高性能参数的最后几个百分点吧。

如果你是一名律师,那就应该起诉化石能源利益集团,或者应该努力推翻地方法规和建筑法规,因为它们阻碍了尽快、尽可能低成本地推出气候解决方案。

如果你是一个小企业主,那就通过让你的产品更清洁和更环保,来让它与众不同。去生产每个人都想要的产品。

如果你经营一所学校或社区大学,那就需要更多的手工班和更多的实用技艺培训生。我们需要让更多人知道如何制造和安装东西、拧螺丝和紧螺母,并创建未来。

如果你是一名设计师,那就让电器变得美观和直观,以至于没有人会买其他的东西,设计重新定义交通的电动汽车,创造不需要包装的产品,制造能成为传家宝的优质产品。

如果你是一名工会代表,那就不要让对失业的恐惧阻碍零碳经济将创造的大量就业机会。让你自己和你的工会做好准备,与环境游说者合作,确保就业安置、工资和福利水平的转移以及再培训项目。没有劳动力,就不会实现经济转型。

如果你是老师或教授,那就要清楚地向你的学生传达他们所承受的代际责任。教导他们坚持科学和正义,激励他们成为先进分子。最重要的是,你需要帮助学生明白,没有人会来救我们,我们必须拯救自己。

如果你是诗人或艺术家，我们迫切地需要给地球写一封情书。用美来激励我们去欣赏世界、欣赏彼此，帮助我们提出正确的问题。

如果你是一个投资者，那就投资于那些为零碳未来而努力的公司，放弃化石能源，别贪婪。记住，如果地球被毁灭了，利润就毫无意义。

如果你是一名电工，那就准备好成为有史以来最忙的电工吧。教你的朋友电工技能，教育你的孩子。

如果你是一名屋顶工人，也要学习安装太阳能装置，并为需求的大幅增长做好准备。

如果你是小时工，那就支持可再生能源经济，因为你的工资会上涨。如果我们做得对，更好的工作就会到来。

如果你从事施工或翻新工作，那就鼓励你的客户搬到不使用天然气管道的房屋和使用太阳能供电的建筑中去。学习安装热泵和电池，使房屋高效地运行。

如果你是一名建筑师，现在就是传播新的建筑解决方案的好时机，那就最大限度地发挥建筑作为气候解决方案一部分的潜力。这意味着屋顶更平，面朝太阳（北半球面朝南）。这意味着推广高效能的房屋、更轻的构造方法，以及考虑到建筑使用了如此多的材料，要设法让建筑成为二氧化碳的净吸收者，而不是净排放者。

如果你是一名企业家，那就创办一家价值 10 亿美元的清洁能源公司，解决我们能源经济 0.5% 的问题。我们只需要 200 人就能成功。

如果你是一名医生或卫生保健专业人士，请大声而明确地谈论污染和化石能源让人类付出的代价。燃烧化石能源导致的呼吸系统疾病，导致全球数百万人死亡。燃烧石油产生的颗粒物，会加剧哮喘、支气管炎和肺炎。由碳氢化合物、二噁英和化石能源经济产生的其他化学物质，引起了癌症激增。久坐不动、以汽车为基础的生活方式，会导致过度肥胖、糖尿病、心脏病和其他严重疾病。迅速过渡到清洁能源世界，将大大地改善公共卫生的效果。

如果你是个机械师，那就开始制造电热棒吧。毕竟，我们爱上的是金属薄片，而不是引擎。

如果你是一名生物学家，那就帮助生产生物能源和生物材料吧，为长途飞行和不能依靠风能、太阳能或核能的经济部门提供动力。

如果你是一名技术工作者，那就停止制作社交媒体和快递应用程序，开始制作能量管理软件，帮助人们使用更少的能源并平衡电网，使太阳能和风能发电厂的设计自动化，使公共交通运行得更好，以及做其他有用的事情，加速国家向可再生能源过渡。

如果你是一名社会工作者，可以倡导帮助低收入的人使用清洁能源的住房和交通。

如果你是一名城市规划师，那就使城市和城镇更加适应零碳未来。

如果你是一名煤矿工人，感谢你的服务。现在你的工作是开采电池和电动机的制作材料。

如果你是一名石油工人，也要感谢你的服务。现在你的工作是帮助国家建设大规模基础设施，这是零碳未来所需要的。

如果你是一个政治家，你需要按照以下顺序倾听他们的心声：科学专家、儿童、工程师。然后，你需要超越喧嚣，扫清完成这项工作所需的监管和金融路径上的障碍。同每个人一起工作，重新定义政治边界、政党和联盟。

如果你是一个城市、城镇或县的代表，倾听你的选民，找出阻碍他们购买电动汽车、安装屋顶太阳能、从公共事业单位购买清洁能源的原因，改造他们的房屋，确保他们购买脱碳技术可以获得贷款。用任何必要的方法消除所有障碍。

如果你是一名市长，那就根据需要改变当地的建筑法规，支持最快、最便宜的脱碳方法。在当地建筑上安装清洁能源。在你所在的城镇各处建立电动汽车基础设施。

如果你是一个区域政治家，记住在各个地区开展试验，这种尝试是很有用的。没有人有针对脱碳的完美答案，我们都需要互相学习。大胆一点去承担风险，写出一篇精彩的立法提案以加速清洁能源转型，这些内容可以被复制粘贴到其他州的政策中，甚至是写进政府的计划中。

如果你是政府部门的工作者，请勇敢地面对腐败问题。请记住，你们是由人民而不是企业选举出来的，你们被选举出来是为了长期改善人民生活。

如果你是领导者，那就带头，满怀愿景，尝试一点罗斯福、一点丘吉尔、一点肯尼迪、一点里根、一点曼德拉，还有一点默克尔的做法。

如果你是一家公司的首席执行官，你应该怀着一个真实的未来愿景来领导你的公司，并准备在 10 年内实现业务的完全脱碳。你需要听取最年轻员工的意见，以及那些沮丧的老员工的意见，他们多年来一直告诉你要改变。针对这两类群体，你的组织可能已经有了解决方案。别再崇拜季度数据了，要为未来打造你的公司。

如果你是一位亿万富翁，你可以考虑买下一两个化石能源工厂，把它变成一个自然保护区，从而拥有了某个遥远地方的一段历史。撤掉你的化石投资组合，投资那些能提供出色气候解决方案的初创企业，即使他们不能提供快速、有保证的回报。赞助年轻的先进分子，就像你又回到了 24 岁一样，愿意为打全垒而冒一定的风险，损失一些钱。除了这个星球，你没有什么可失去的。

如果你是一个素食自行车手，谢谢你，祝你长命百岁。

如果你是歌手或词曲作者，没有什么比音乐更能打动人。我们的运动需要颂歌。我们需要一些尼尔·杨（Neil Young）这样的人，将他的老式林肯大陆轿车电动化来证明自己对未来的承诺，再加上一些凯特·斯蒂文斯（Cat Stevens）和乔尼·米切尔这样的音乐人。乔尼·米切尔唱道：

> 不总是这样吗
> 直到失去，你才知道曾经拥有什么
> 他们铺路到天堂
> 还建了一个停车场[1]

为了建设一个富饶而苍翠的未来，每个人都有自己的工作。祝你好运！愿风与你同在！

气候科学入门指南

- 气候科学包含了一系列广泛的活动和许多复杂程度各异的内容层次。

- 基础气候科学试图通过仔细的测量来了解地球系统的基本物理和化学特性。

- 气候模型试图将基础气候科学的发现整合到地球系统如何相互作用的模型中。

- 第一个气候模型是在没有计算机的情况下建立的，它可以相当准确地预测气候变化。

- 气候模型可以预测气候危机对社会、经济、政治等方面的影响。

- 碳预算是在特定的温度或气候目标下，对我们所能承受的进一步碳排放的估计。

- 排放轨迹是对达到碳预算所需的碳减排和技术转变的预测。

- 综合评估试图把所有的碎片放在一起，为更广泛的受众提供报告。

- 科学是可靠的工具，它能告诉我们需要做什么。

从气候科学到气候行动需要几个步骤，我将在这里一一介绍。

气候科学

首先，我们必须开展气候科学研究，即对云、冰川、海洋、土壤、排放和其他影响全球气候的因素进行测量和建模等详细工作。因为这些组成系统足够简单，所以其物理特性可以被解构和探测，从中产生的预测也可以通过测量来证实。

例如，在一项最具标志性的气候科学研究中，杰克·帕莱斯（Jack Pales）和查尔斯·基林（Charles Keeling）首先记录了大气中二氧化碳浓度的增加，[1] 得出了现在众所周知的表征二氧化碳浓度的"基林曲线"（见图 C–1）。

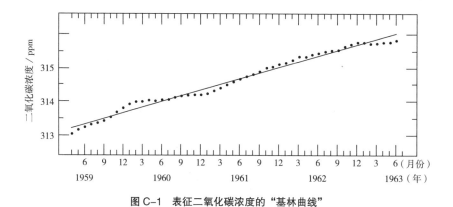

图 C–1　表征二氧化碳浓度的"基林曲线"

资料来源："The Concentration of Atmospheric Carbon Dioxide in Hawaii," *Journal of Geophysical Research* 70, no. 24, 1965。

帕莱斯与基林于 1959 年至 1963 年在夏威夷莫纳罗亚火山天文台上

进行了精密测量，得出的研究结果显示了树木对二氧化碳的季节性吸收，以及燃烧化石能源导致的令人不安的、长期上升的二氧化碳变化趋势。自那时起，该研究持续收集测量数据，为这些变化趋势提供了进一步的证明记录。[2]

气候模型

在完成气候科学研究之后，我们必须进行气候建模，把这些气候科学的组成部分，组装成整个气候系统的模型。

模型间的相互作用是复杂的，今天的系统级模型通常使用大型计算机来处理数据。这些模型现在已经表现得相当不错了，并且已经对过去的数据进行了严格的测试，以验证之前预测的准确性。虽然还存在少量不确定性，但这些不确定性是可量化的，而且模型结果与主要现象显示的规律也是一致的。

例如，在 1897 年建立气候模型的一篇论文中，来自瑞典的诺贝尔奖获得者斯万特·阿伦尼乌斯证明了二氧化碳浓度增加与温度之间的关系（如表 C-1 所示）。从那以后的 120 年里，气候科学家一直在扩展这个简单的模型，通过利用不断增长的可用计算资源，来扩大其范围。例如，在真锅淑郎[①] 和理查德·韦瑟尔德 1967 年发表的一篇重要论文中，建立了大气的温度平衡条件。[3] 因此，尽管当今最好的模型体现出了极大的复杂性，但其可一言以蔽之：二氧化碳浓度的增加导致温度的升高。

----

① 诺贝尔物理学奖获得者真锅淑郎与气候变化研究者安东尼·布罗科利（Anthony J. Broccoli）合著的《气候变暖与人类未来》（*Beyond Global Warming*）即将由湛庐引进出版。——编者注

表 C-1　阿伦尼乌斯 1897 年关于温度变化与碳酸（二氧化碳）浓度关系的模型

纬度	碳酸浓度=0.67					碳酸浓度=1.5					碳酸浓度=2.0					碳酸浓度=2.5					碳酸浓度=3.0				
	1月~2月	3月~5月	6月~8月	9月~11月	全年平均	1月~2月	3月~5月	6月~8月	9月~11月	全年平均	1月~2月	3月~5月	6月~8月	9月~11月	全年平均	1月~2月	3月~5月	6月~8月	9月~11月	全年平均	1月~2月	3月~5月	6月~8月	9月~11月	全年平均
70	-2.9	-3.0	-3.4	-3.1	-3.1	3.3	3.4	3.8	3.6	3.52	6.0	6.1	6.0	6.1	6.05	7.9	8.0	7.9	8.0	7.95	9.1	9.3	9.4	9.4	9.3
60	-3.0	-3.2	-3.4	-3.3	-3.22	3.4	3.7	3.6	3.8	3.62	6.1	6.1	5.8	6.1	6.02	8.0	8.0	7.6	7.9	7.87	9.3	9.5	8.9	9.5	9.3
50	-3.2	-3.3	-3.3	-3.4	-3.3	3.7	3.8	3.4	3.7	3.65	6.1	6.1	5.5	6.0	5.92	8.0	7.9	7.0	7.9	7.7	9.5	9.4	8.6	9.2	9.17
40	-3.4	-3.4	-3.2	-3.3	-3.32	3.7	3.6	3.3	3.5	3.52	6.0	5.8	5.4	5.6	5.7	7.9	7.6	6.9	7.3	7.42	9.3	9.0	8.2	8.8	8.82
30	-3.3	-3.2	-3.1	-3.1	-3.17	3.5	3.3	3.2	3.5	3.47	5.6	5.4	5.0	5.2	5.3	7.2	7.0	6.6	6.7	6.87	8.7	8.3	7.5	7.9	8.1
20	-3.1	-3.1	-3.0	-3.1	-3.07	3.5	3.2	3.1	3.2	3.20	5.2	5.0	4.9	5.0	5.02	6.7	6.6	6.3	6.6	6.52	7.9	7.5	7.2	7.5	7.75
10	-3.1	-3.0	-3.0	-3.0	-3.02	3.2	3.2	3.1	3.1	3.15	5.0	5.0	4.9	4.9	4.95	6.6	6.4	6.3	6.4	6.42	7.4	7.3	7.2	7.3	7.3
0	-3.0	-3.0	-3.1	-3.0	-3.02	3.1	3.1	3.2	3.2	3.15	4.9	4.9	5.0	5.0	4.95	6.1	6.4	6.6	6.6	6.5	7.3	7.3	7.4	7.4	7.35
-10	-3.1	-3.1	-3.2	-3.1	-3.12	3.3	3.2	3.2	3.2	3.2	5.0	5.0	5.2	5.1	5.07	6.6	6.6	6.7	6.7	6.65	7.4	7.5	8.0	7.6	7.62
-20	-3.1	-3.2	-3.2	-3.2	-3.2	3.3	3.5	3.7	3.5	3.52	5.2	5.2	5.6	5.6	5.35	6.8	7.0	7.0	7.0	6.87	8.1	8.6	8.3	8.3	8.22
-30	-3.3	-3.3	-3.4	-3.4	-3.35	3.4	3.5	3.7	3.5	3.52	5.5	5.6	5.8	5.6	5.62	7.0	7.2	7.7	7.4	7.32	8.6	8.7	9.1	8.8	8.8
-40	-3.4	-3.4	-3.3	-3.4	-3.37	3.6	3.7	3.8	3.7	3.7	5.8	6.0	6.0	6.0	5.59	7.7	7.9	7.9	7.9	7.85	9.1	9.2	9.4	9.3	9.25
-60	-3.2	-3.3	—	—	—	3.8	3.7	—	—	—	6.0	6.1	—	—	—	7.9	8.0	—	—	—	9.4	9.5	—	—	—

资料来源：Svante Arrhenius, "On the Influence of Carbonic Acid in the Air upon the Temperature of the Ground," *Astronomical Society of the Pacific* 9, no.54, 1897。

影响研究

在建立了气候模型之后，科学家们进行了影响研究，以确定气候如何影响我们关心的其他事物，比如人类、地理、动物、地球系统、经济和流行病。影响研究警告我们，气候危机会带来什么后果：在既定的排放轨迹下，海平面会发生多大的变化，以及有多少人会流离失所；气候危机将如何影响我们的农业和粮食供应；风暴和森林火灾等事件的变化模式和强度。影响研究涵盖了广泛的学科领域，包括生态经济学、经济学、政治学和工程学；它能帮助解决大量的问题，包括粮食安全[4]、旅游[5]、贫困[6]、移民[7]、经济学[8]、战争[9]、空气质量[10]、疾病[11]、劳动[12]等。这些影响研究的广度可能是巨大的，联合国政府间气候变化专门委员会定期为大众发布的只是其中的摘要。[13]

碳预算

有了气候模型和影响研究，我们就可以起草碳预算，或估算将不利影响限制在可控水平的可允许碳排放量。这具体地向我们展示了可以排放的二氧化碳或其他温室气体的总量。

也许最具代表性的碳预算研究是"万亿吨"研究，它给出了一个清晰而发人深省的方法，根据由此产生的温度上升情况来预算我们剩余的碳排放量。[14]"万亿吨"研究强调，我们需要将累计碳排放量控制在 1 万亿吨以内。

排放轨迹

有了碳预算，我们就可以创建一个碳排放轨迹，或者说预算内碳排放量的年度变化。这并不完全是气候科学范畴的内容，它更像是气候社会经济学，因为它试图估计人类为了应对气候变暖会有哪些行为。图 C–2 显示了从目前到 2100 年的排放轨迹图。我们清楚地看到，当前的政策和全球的保证和承诺与我们希望实现的 2 ℃温升目标相去甚远，更不用说我们应该实现的 1.5 ℃温升目标了。

综合评估

最后，气候科学和政策领域的工作人员开展综合评估，将所有的步骤打包成易理解的报告和政策建议。这些报告需要数年时间来收集整理，其中包括数百甚至数千名科学家的工作成果。这就是联合国政府间气候变化专门委员会的工作。

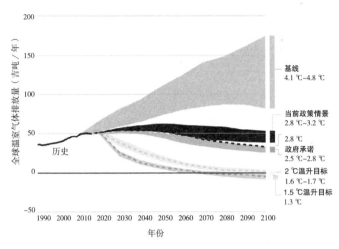

图 C-2　2100 年的碳预测排放轨迹

注：此图为 2019 年 12 月更新的 2100 年全球变暖预测与政策、政府承诺和温升目标之间的对应关系。

资料来源：Climate Action Tracker, n.d.。

人们在气候危机上存在很多困惑和分歧，因为这不是一个简单的问题。

我可以想象人们脑海中的困惑是这样的：他们在报纸上读到一篇关于气候影响研究的文章，这篇吸引了他们眼球的报刊文章很可能是对影响研究背后的科学进行了拙劣的总结。也许他们会去阅读相应的原始研究。然后他们决定这是否会影响到他们或他们关心的事情——这些可能是让他们受到这篇文章吸引的原因。有些人可能会试图找出如何避免与排放轨迹有关的影响。在这一点上，他们可能会迷失在这一切的复杂性中。如果没有迷失，他们可能会进入下一个阶段，即研究与气候模型中的任何既定排放轨迹相关的不确定性黑洞。

对我来说，事情很简单。我想生活在一个有珊瑚礁和热带雨林的世界，那里充满了我小时候经历过的美丽事物。我也害怕人类在感受到国家粮食系统受到影响和压力时的恐慌反应。即使升温 1.5 ℃，也会给世界带来巨大的破坏和压力，所以我想试着找出让我们尽可能接近这个目标的办法。

减缓曲线

减缓曲线表现了朝着特定的气候目标（如 1.5 ℃或 2 ℃温升目标）前进需要的时间。图 C–3 清楚地说明，即使只是推迟 4 年，我们的机会也会受到可怕的影响。

简单的结论是，我们现在必须以人类所能达到的最快速度减少排放，并采取战时紧急应对措施。我们需要将"挑衅"的减缓曲线转化为行动计划，确定生产时间表和可交付的成果，以避免遭受气候危机的最严重影响。

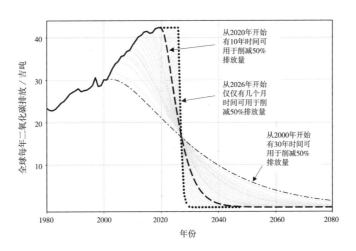

图 C–3　减缓曲线

注：这是罗比·安德鲁重新绘制的减缓曲线，他说"将气温限制在 2 ℃温升内越来越难"。

资料来源：Desdemona Despair, April 23, 2020。

如何阅读桑基图

在本书中，我使用了很多图和表，尽管事实上我已经被告知，这些图和表是导致出版物失败的秘诀。这就是为什么我把这么多内容藏在最后。我在正文中经常提到的一种图叫作"桑基图"，在这里是对它们的来源和阅读方法的介绍。它们是一种简练的工具，能够传达复杂问题，同时兼顾大局和小细节，而且它们相当容易理解。

我们所知道的第一个桑基图是由法国工程师查尔斯·约瑟夫·米纳德（Charles Joseph Minard）绘制的。1845 年，他绘制了一张流程图，描绘了法国第戎和米卢斯之间的交通状况，以确定一条新铁路的路线。[1] 1869 年，他绘制了他最著名的图，这张图是关于拿破仑入侵俄国、撤退，以及整个战役中军队的损失（见图 D–1）。

这张二维波段图显示了 6 种类型的数据：拿破仑军队的数量、行进路程、气温、纬度和经度、行进方向，以及他们在特定日期的位置。

从左边开始的那条略微左倾的线与任意时刻存活的部队数量成正比。线越细，故事越悲壮，意味着损失的军队越多。当拿破仑到达莫斯科的时候，失去了 2/3 的军队，然后他又被打了回来，一路上损失了更多的人，就像黑线所代表的那样。这张图显示，当拿破仑回到考纳斯时，他的 42.2万人的军队已经减少到只有 1 万人。

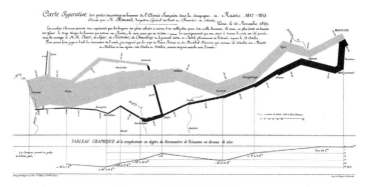

图 D-1　米纳德绘制的桑基图

注：这张经常被引用的 1869 年的桑基图，描绘了拿破仑在进入俄国和从俄国返回时的军队规模。

资料来源：Sandra Rendgen, *The Minard System: The Complete Statistical Graphics of Charles-Joseph Minard* (Princeton, NJ: Princeton Architectural Press, 2018)；from the collection of the École Nationale。

在米纳德绘制拿破仑 1812—1813 年俄国战役流程图的几年之后，爱尔兰船长马修·亨利·菲尼亚斯·里奥·桑基（Matthew Henry Phineas Riall Sankey）制作了一个流程图，来可视化蒸汽机的效率，大概就是描述蒸汽机如何具体地为船提供动力。这是已知的第一次使用桑基图来形象化能量流，其中箭头的宽度与流量成正比（见图 D-2）。

当时，煤炭已经成为驱动远洋船只的重要燃料，而用这种燃料驱动船只是有充分理由支持的。风并不总是朝我们想要的方向吹，而且很少朝我们想要的方向吹。煤动力系统在船底，一接到通知就可以铲煤以燃烧产生动力。当许多水手还在关心天气和船帆的时候，桑基已经绘制出了煤能源转化为加压水和蒸汽的图，并了解了这一过程中的能量损失。

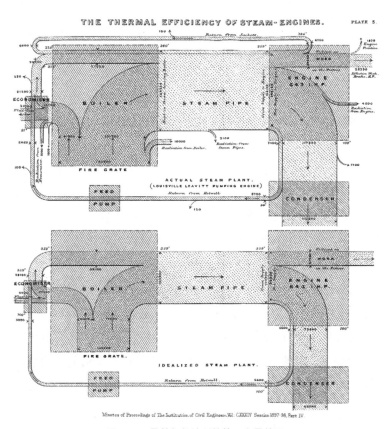

图 D-2　桑基船长绘制的第一张桑基图

注：从桑基船长的图中，我们可以看到煤的能量在锅炉中转化为加压水和蒸汽，以及煤的能量在船的螺旋桨上转化为动力时所造成的损失。

资料来源：Alex B. W. Kennedy and H. Riall Sankey, "The Thermal Efficiency of Steam Engines," *Minutes of the Proceedings of the Institution of Civil Engineers* 134, part IV (1898)：278-312。

桑基图特别有利于能量的可视化，因为它们在流动的每一点上保持了比例。这与能量守恒定律和热力学第一定律很吻合，这两个定律都表明，能量既不能被创造也不能被毁灭，只能从一种形式转变为另一种形式。

能量在流动中损失的情况通常是加热所致。今天的情况和桑基船长发现的情况一样，所有能量最终都没能逃过变成低级热量的命运，变得又冷又硬，很难从中提取有用的功。

无论用什么单位来表示，宇宙的温度就是 2.73K、–270 ℃或 –455 ℉。我们在地球上产生的所有废热的最终命运都是辐射到太空中，变得像宇宙一样冷。

本书主要是关于能源预算的。为了说清楚这些内容，这里打个比方，大多数人可能不了解能源预算，但对他们自己的家庭预算都有一些了解，所以在图 D–3 中，我将美国家庭的平均预算表示为桑基图。[2]

这张桑基图是从左往右读的。房子的输入是诸如收入和账户利息之类的东西，这些都流入家庭总预算。然后，家庭总预算分为四大类：交通、住房、食物和笼统的"各种别的东西"。这些类别再进一步分解成我们如何花钱的细节：汽油、外出就餐、衣服和我们日常生活的其他活动。表 D–1 以表格形式显示了与图相同的数据。

普通的家庭，被称为"消费者单位"。消费者单位包括家庭、独居单身人士、彼此经济独立的同居人士或分担主要生活费用的同居人士。2019年，美国消费者单位的平均税前收入为 78 635 美元。

（单位：美元）

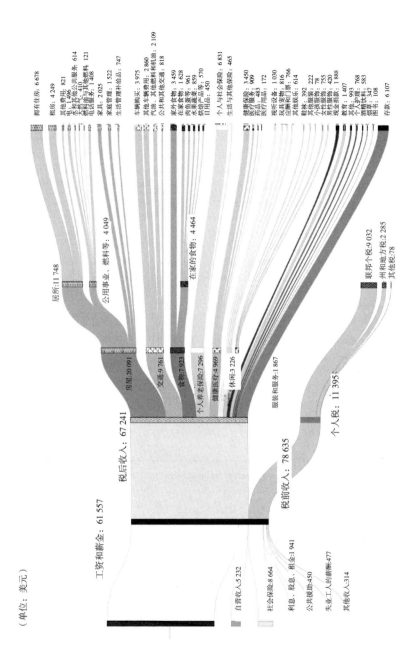

拥有住房：6 678
租房：4 249
其他费用：821
水和其他公共服务：614
燃料油与其他燃料：121
电话服务：1 408
家具：2 025
家庭管理：1 522
生活管理补给品：747

车辆购买：3 975
其他车辆费用：2 860
汽油、其他燃料和机油：2 109
公共和其他交通：818

家外食物：3 459
肉鱼蛋等：1 628
水果蔬菜：859
烘焙产品等：570
日用品：450

个人与社会保险：6 831
生活与其他保险：465

健康保险：3 450
医疗服务：909
药品：483
医疗用品：172

视听设备：1 030
玩具爱好等：816
宠物和用品：766
其他娱乐：614

鞋体：392
小孩服饰：222
女性服饰：78
男性服饰：755
现金捐赠：420
教育：1 407
其他个人：1 888
其他人：993
个人护理：768
酒精饮料：583
烟草：347
图书：108

存款：6 107

居所：11 748

公用事业、燃料等：4 049

房屋：20 091

交通：9 761

食物：7 923

个人养老保险：7 296

健康医疗：4 969

休闲：3 226

在家的食物：4 464

服装和服务：1 867

税后收入：67 241

税前收入：78 635

个人税：11 395

工资和薪金：61 557

自营收入：5 232

社会保险：8 664

利息、股息、租金：1 941

公共援助：450

失业工人的薪俸：477

其他收入：314

联邦个税：9 032
州和地方税：2 285
其他税：78

图 D-3　2019 年美国家庭平均支出的桑基图

注：这张桑基图更贴近日常生活。它采用美国人口普查局的美国普通家庭支出数据，并将其表示为流量图。

资料来源：US Bureau of Labor Statistics, Consumer Expenditures Report 2019, December 2020。

表 D-1　2019 年美国各消费者单位平均收入与支出

项目	2019 年支出 / 美元
税前每年平均收入	78 635
每年平均支出	61 224
食物	7 923
家中的食物	4 464
家外的食物	3 459
住房	20 091
居所	11 748
自有住所	6 678
租住住所	4 249
服装和服务	1 867
交通	9 761
购车	3 975
汽油、其他燃料和机油	2 109
医疗保健服务	4 969
医疗保险	3 450
娱乐	3 226
个人护理产品和服务	768
教育	1 407
现金捐款	1 888
个人保险和养老金	7 296
养老金和社会保障	6 831
其他总支出	2 030

资料来源：Bureau of Labor Statistics，"Consumer Expenditures—2019," news release，September 9，2020。

　　每年平均支出总计 61 224 美元。我们可以看到钱花在四大方面：交通、住房、食物和其他。其中住房占比最大。家庭的 3 477 美元用于公共事业、能源和公共服务，我们已经可以看到能源和个人预算之间的联系。交通运输是另一个重要领域，其中 1/3 是汽油支出。普通家庭在医疗保健上的花费略高于这个数字，而在储蓄和退休上的花费则略低于这个数字。

我们在教育上的支出又减少了。我们每年在阅读上只花大约 108 美元。

就像有些人可能对追踪家庭预算中的每美元感兴趣一样，我对追踪美国和全球经济中的每焦耳能源感兴趣。桑基图在这种分析中起了重要作用。让我们去开开眼界吧，如果你能保持你的眼睛睁开！

桑基图在 20 世纪 70 年代初的石油危机中得到了广泛的应用。1973 年，在原子能联合委员会工作的杰克·布里奇斯再次使用了桑基理论，并在一本绝妙的书《理解国家能源困境》中对其进行了改进。当时美国刚刚经历了石油短缺，能源成了人们的心头之患。

《理解国家能源困境》是一本很新颖的书。它不仅使用桑基图来展示当前的能源趋势，还提供了历史上的桑基图和对未来的预测，来传达一个国家在规划和提供能源时面临的挑战。1950 年、1960 年、1970 年、1980 年和 1990 年的桑基图出现在特殊的全彩、折叠插页中，这些折页旨在将美国能源消费的历史和未来组合成一个三维视图。这本书显示了能源快速增长的总需求，分为"损失的"能源和"使用的"能源。损失的能源就是废热。

这本书的历史背景是：当时能源世界正处于动荡之中，发生了一场重大的石油危机，因为美国对石油的需求超过了它的产量，我们的能源命运、增长力以及整个国家的未来第一次与地缘政治联系在一起。一切都被打乱了。事实证明，我们对电的渴望，就像对汽油的渴望一样永无止境。我们在所有能开发的地方建水力发电站。核能发电刚刚起步，对其未来潜力的估计是夸张的，而且它一开始就已经引起了争议。

当时的核能倡导者会说，"电力便宜到无须收费"。人们对风力发电重新产生了兴趣，一些边缘人士开始谈论太阳能建筑和光热。不断变化的能源局势，以及石油危机的紧迫性，强调了工具对可视化和规划国家和全球能源供应未来的重要性。

这些可视化背后的方法论，现在被用于美国能源信息管理局《年度能源评论》（*Annual Energy Review*）和美国劳伦斯利弗莫尔国家实验室公布的年度能源经济总结。[3]

最密集的桑基图也许是由韦斯·赫尔曼（Wes Hermann）绘制的，如图 D-4 所示。大约在 2007 年，韦斯第一次向我介绍了这张图，当时他参加我的马堪尼动力公司的面试。韦斯没有接受我们的工作，尽管面试结果很好。他转投了一家年轻的电动汽车公司——特斯拉。

当时我强调风能有多重要，并询问韦斯对于这个选择的看法，他只是简单地回答说，燃油汽车是对整个系统中其他有用能源的最愚蠢的破坏，而电动汽车是唯一的选择。他对电动汽车的看法是正确的，尽管风能仍然是关键。他是斯坦福大学全球气候与能源项目的学生时，制作了这张图。尽管如果没有我在这里提供的更多解释，图本身几乎是不可能被读懂的，它所展示的是地球上所有可能的能源，包括只是可能能源中一小部分的化石能源。我们还有许多其他的能源。

这些对能源来源和使用的可视化让我们想象，如果把所有东西都电气化，一开始需要的能源就会少得多。桑基图让我们有机会清楚地看到一个零碳未来。

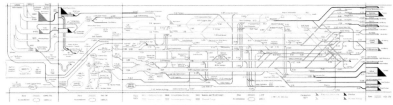

(a）㶲的累积、流动和破坏

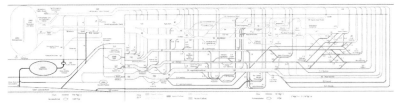

(b）自然和人为碳循环

图 D-4 韦斯·赫尔曼关于㶲和碳的桑基图

注:（a）"㶲"是能量中有用的部分，它允许我们做功和提供能源服务。而能量是守恒的，当能量经过转换时，它的㶲含量就会被破坏。我们从自然界中不同的、携带能量的物质中收集㶲，并将之称为资源。这些资源被转换成能量的形式，称为载体，以方便在工厂、车辆和建筑物中使用。这张图追溯了在生物圈和人类能量系统中㶲的流动，说明了其积累、相互联系、转换，以及最终自然的或人为的破坏。㶲资源和㶲载体的选择及其利用方式会对环境产生影响。对现有资源和当前人类使用㶲的审查，将我们日益增长的世界人口和经济的各种能源选择纳入其中。这种观点可能有助于减少㶲能的使用，并使其与环境破坏脱钩。（b）碳基分子具有储存大量有用能量或㶲能量的能力，使碳成为自然和人类能源系统中重要的㶲载体。通过人类对化石能源的使用，碳正以远远超过其自然吸收的速度被重新引入生物圈。这种大规模的、加速的碳向大气和海洋上层转移，可能会导致全球环境变化，对我们的生活质量产生不利影响。这张图描绘了碳在地下、生物圈和人类能量系统中的流动，说明了导致人为二氧化碳来源的能量转化。结合上面的全球㶲图，可以在当前的㶲使用和碳流的背景下，研究不需要化石碳或将其储存在大气和海洋表面以外的储层的替代能源途径。

资料来源：Wes Hermann and A. J. Simon, Global Climate and Energy Project at Stanford University, © 2007。

　　许多伟大的人帮助或影响了这本书，感谢你们所有人的启发、反馈和帮助：玛莎·阿姆拉姆（Martha Amram）、戴维·本兹勒（David Benzler）、阿金·巴尔加瓦、克莱顿·博伊德（Clayton Boyd）、戴恩·博伊森（Dane Boysen）、斯图尔特·布兰德（Stewart Brand）、斯蒂夫·楚（Steve Chu）、西蒙·克拉克（Simon Clark）、汉斯·冯·克莱姆（Hans von Clemm）、莉莎·康宁汉、尼克·德拉戈塔（Nick Dragotta）、马克·杜达、德鲁·恩迪、雅各布·弗里德曼（Jacob Friedman）、托德·乔戈帕帕达科斯、珍妮弗·格尔比（Jennifer Gerbi）、塔克·吉尔曼（Tucker Gilman）、帕姆拉·格里菲斯（Pamela Griffith）、阿尔文·奥赖利·格里菲斯（Arwen O'Reily Griffith）、罗斯·格里菲斯（Ross Griffith）、塞莱娜·格里菲斯（Selena Griffith）、勃朗特·格里菲斯（Bronte Griffith）、赫胥黎·格里菲斯（Huxley Griffith）、保罗·霍肯（Paul Hawken）、乔安妮·黄（Joanne Huang）、克里斯蒂娜·伊索贝尔（Christina Isobel）、纳撒内尔·约翰逊（Nathanael Johnson）、亚历克斯·考夫曼（Alex Kaufman）、凯文·凯利（Kevin Kelly）、乔纳森·库米、亚历克斯·拉斯基（Alex Laskey）、埃米莉·莱斯利（Emily Leslie）、帕蒂·洛德（Patti Lord）、彼得·林恩、已故的大卫·麦凯、利拉·马德龙、已故的黛博拉·马歇尔（Deborah Marshall）、亚龙·米尔格罗姆－埃尔科特（Yaron Milgrom-Elcott）、蒂

姆·纽厄尔（Tim Newell）、蒂姆·奥赖利（Tim O'Reily）、珍·帕尔卡（Jen Pahlka）、丹·雷希特（Dan Recht）、柯克·冯·罗尔（Kirk von Rohr）、文斯·罗曼宁（Vince Romanin）、格温·罗斯（Gwen Ross）、乔尔·罗森伯格（Joel Rosenberg）、杰森·鲁戈洛（Jason Rugolo）、卡罗琳·斯皮尔斯（Garoline Spears）、纳特·托金顿（Nat Torkington）、罗恩·特劳纳（Ron Trauner）、乔治·华纳（George Warner）、杰森·韦克斯勒（Jason Wexler）、埃里克·威廉、赛思·朱克曼（Seth Zuckerman）、亚当·祖罗夫斯基（Adam Zurofsky）。

特别感谢山姆·卡里什和劳拉·弗雷泽（Laura Fraser）。山姆更像是一个合著者，在数据战壕中涉猎，包括无尽的表格和可视化脚本。同样，劳拉教我和山姆如何在截止日期前完成写作，同时帮助我们把正确的语法和拼写，以及一点乐趣和爱注入一个可能有点枯燥的话题中。还有，感谢基思·帕斯科、吉姆·麦克布莱德和普山·潘达（Pushan Panda）寻找数据、数字，进行 Latex 排版、图形、数据库和网页抓取方面的帮助，以及理解能源这一巨大挑战。

最后，感谢尼尔·格申菲尔德（Neil Gershenfeld），我在麻省理工学院的老教授，感谢他将本书引介给麻省理工学院出版社，感谢那里的工作人员，感谢他们对这本书的投入，感谢他们带来的工作乐趣，感谢他们的耐心（我现在最喜欢的词是"不删"）。熟练的编辑贝丝·克莱文格（Beth Clevenger）使这本书变得更完善。威尔·迈尔斯（Will Myers）和弗吉尼娅·克罗斯曼（Virginia Grossman）都是眼尖得令人难以置信的文案编辑。衷心感谢安东尼·赞尼诺（Anthony Zannino）、肖恩·莱利（Sean Reily），设计师玛吉·恩科门达（Marge Encomienda）、珍妮特·罗西（Janet Rossi），公关希瑟·戈斯（Heather Goss），以及所有帮助本书精益求精的人。

第 1 章

1. World Resources Institute, "World Greenhouse Gas Emissions: 2016," February 2020.

第 2 章

1. Pew Research Center, *Americans, Politics, and Science Issues*, July 1,2015,89.

2. Frederica Perera, "Pollution from Fossil-Fuel Combustion is the Leading Environmental Threat to Global Pediatric Health and Equity: Solutions Exist".

3. Paris Agreement, Chapter XXVII, 7.d., United Nations Treaty Collection, December, 12, 2015.

4. Intergovernmental Panel on Climate Change, *Global Warming of 1.5 ℃*, retrieved October 7, 2018.

5. Intergovernmental Panel on Climate Change, *Global Warming of 1.5 ℃*.

6. Timothy N. Lenton, "Climate Tipping Points—Too Risky to Bet Against,"

Nature, November 27, 2019.

7. Michaela D. King et al., "Dynamic Ice Loss from the Greenland Ice Sheet Driven by Sustained Glacier Retreat," *Communications Earth and Environment* 1, no. 1 (August 2020).

8. Zeke Hausfather, "UNEP: 1.5 ℃ Climate Target 'Slipping out of Reach,'" Carbon Brief, November 26, 2019.

9. Robbie Andrew, "It's Getting Harder and Harder to Limit Ourselves to 2 ℃," Desdemona Despair, April 23, 2020.

10. Johan Rockström et al., "A Roadmap for Rapid Decarbonization," *Science* 355, no. 6,331 (March 24, 2017): 1,269.

11. Dan Tong et al., "Committed Emissions from Existing Energy Infrastructure Jeopardize 1.5 ℃ Climate Target," *Nature* 572, no. 7,769 (August 2019): 373–377.

12. "In 2018, 66% of New Electricity Generation Capacity Was Renewable, Price of Batteries Dropped 35%," *SDG Knowledge Hub* (blog), "International Institute for Sustainable Development, April 9, 2019.

13. National Association of Home Builders and Bank of America Home Equity, *Study of Life Expectancy of Home Components*, February 2007; "By the Numbers: How Long Will Your Appliances Last? It Depends," *Consumer Reports*, March 21, 2009.

第 3 章

1. Dayton Duncan and Ken Burns, *The National Parks: America's Best Idea, An Illustrated History* (New York: Alfred A. Knopf, 2009).

2. National Park Service, "100th Anniversary of President Theodore Roosevelt and Naturalist John Muir's Visit at Yosemite National Park,"

news release, May 13, 2003, quoted in National Park Service.

3. Michelle Mock, "The Electric Home and Farm Authority, 'Model T Appliances,' and the Modernization of the Home Kitchen in the South," *The Journal of Southern History* 80, no. 1 (February 2014): 73–108.

4. US Department of Energy, "FY 2020 Budget Request Fact Sheet," March 11, 2019.

5. Centers for Disease Control and Prevention, "History of the Surgeon General's Reports on Smoking and Health," November 15, 2019.

6. Theodore R. Holford et al., "Tobacco Control and the Reduction in Smoking-Related Premature Deaths in the United States, 1964–2012," *JAMA* 311, no. 2 (2014): 164–171.

7. World Health Organization, "Health Benefits Far Outweigh the Costs of Meeting Climate Change Goals," news release, December 5, 2018.

8. US Environmental Protection Agency, "Climate Impacts on Human Health," January 19, 2017.

9. "Montreal Protocol," Wikipedia.

10. J. Maxwell and F. Briscoe, "There's Money in the Air: The CFC Ban and DuPont's Regulatory Strategy," *Business Strategy and the Environment* 6, no. 5 (January 1997): 276–286.

11. Chandra Bhushan, "A Monopoly Like None Other," Down to Earth, April 20, 2016.

12. Sharon Lerner, "How a DuPont Spinoff Lobbied the EPA to Stave Off the Use of Environmentally-Friendly Coolants," *The Intercept*, August 25, 2018.

第 4 章

1. US Congress Joint Committee on Atomic Energy, *Understanding the "National Energy Dilemma"* (Washington: The Center for Strategic and International Studies, 1973).

2. A. L. Austin and S. D. Winter, *US Energy Flow Charts for 1950, 1960, 1970, 1980 and 1990* (Livermore, CA: Lawrence Livermore National Laboratory, 1973).

3. US Energy Information Administration, Manufacturing Energy Consumption Survey (MECS) 2014, September 6, 2018.

4. US Energy Information Administration, Residential Energy Consumption Survey (RECS) 2015.

5. US Energy Information Administration, Commercial Buildings Energy Consumption Survey (CBECS) 2012.

6. US Department of Transportation, National Household Travel Survey, 2017.

7. Office of NEPA Policy and Compliance, US Department of Energy, *An Open-Source Tool for Visualizing Energy Data to Identify Opportunities, Inform Policy, and Increase Energy Literacy*, Advanced Research Projects Agency (DOE), n.d., Project Grant DEAR0000853.

8. Eric Masanet et al., "Recalibrating Global Data Center Energy-Use Estimates," *Science* 367, no. 6,481 (February 28, 2020): 984–986.

第 5 章

1. US Environmental Protection Agency, "Evolution of the Clean Air Act,".

2. An Act to Amend the Federal Water Pollution Control Act, Pub. L. No. 92-500, October 18, 1972.

3. Edward Cowan, "President Urges 65° as Top Heat in Homes to Ease Energy Crisis," *New York Times,* January 22, 1977; "Transcript of Nixon's Speech on Energy Situation," *New York Times*, January 20, 1974: 36.

第 6 章

1. US Department of Energy, *2016 Billion-Ton Report: Advancing Domestic Resources for a Thriving Bioeconomy*, Volume I, July 2016.
2. Paul E. Brockway et al., "Estimation of Global Final-Stage Energy-Return-on-Investment for Fossil Fuels with Comparison to Renewable Energy Sources," *Nature Energy* 4 (July 2019): 612–621.

第 7 章

1. David J. C. MacKay, *Sustainable Energy—Without the Hot Air* (Cambridge, UK: UIT Cambridge, 2009), 33.
2. US Department of Agriculture, "Feedgrains Sector at a Glance," October 23, 2020.
3. S. De Stercke, *Dynamics of Energy Systems: A Useful Perspective*, IIASA Interim Report No. IR-14-013 (Laxenburg, Austria: International Institute for Applied Systems Analysis, 2014).
4. Steve Hanley, "New Mark Z. Jacobson Study Draws A Roadmap To 100% Renewable Energy," CleanTechnica, February 8, 2018.
5. Mark Z. Jacobson et al., "Low-Cost Solution to the Grid Reliability Problem with 100% Penetration of Intermittent Wind, Water, and Solar for All Purposes," *Proceedings of the National Academy of Sciences* 112, no. 49 (December 8, 2015): 15,060 –15,065.

6. Christopher T. M. Clack et al., "Evaluation of a Proposal for Reliable Low-Cost Grid Power with 100% Wind, Water, and Solar," *Proceedings of the National Academy of Sciences* 114, no. 26 (June 27, 2017): 6,722–6,727.

7. Mark Z. Jacobson et al., "The United States Can Keep the Grid Stable at Low Cost with 100% Clean, Renewable Energy in All Sectors Despite Inaccurate Claims," *Proceedings of the National Academy of Sciences* 114, no. 26 (June 27, 2017): E5,021– E5,023.

8. *Response to Jacobson et al. (June 2017)*, Dr. Staffan Qvist.

9. National Renewable Energy Laboratory, *Renewable Electricity Futures Study Volume 1: Exploration of High-Penetration Renewable Electricity Futures*, US Department of Energy, 2012.

10. Steve Fetter, "How Long Will the World's Uranium Supplies Last?" *Scientific American,* January 26, 2009.

11. Thomas Wellock, "'Too Cheap to Meter': A History of the Phrase," US Nuclear Regulatory Commission Blog, June 3, 2016.

12. Mark Diesendorf, "Dispelling the Nuclear Baseload Myth: Nothing Renewables Can't Do Better," Energy Post, March 23, 2016.

13. "Watts Bar Nuclear Plant," Wikipedia.

14. US Energy Information Agency, "Nuclear Explained: US Nuclear Industry," April 15, 2020.

15. Office of Energy Efficiency and Renewable Energy, "Solar Energy Technologies Office Fiscal Year 2019 Funding Program," US Department of Energy, 2019.

第 8 章

1. Kevin Ridder, "The Problem with Monopoly Utilities," *The Appalachian Voice*, October 17, 2018.

2. US Energy Information Administration, "Figure 2.1: Energy Consumption by Sector," *Monthly Energy Review*, February 2021.

3. "Underground Natural Gas Storage," Energy Infrastructure, 2020.

4. US Energy Information Administration, "Table6.3: Coal Stocks by Sector," *Monthly Energy Review*, February 2021; "Coal Stockpiles at US Coal Power Plants Were at Their Lowest Point in Over a Decade," *Today in Energy* (blog), US Energy Information Administration, May 27, 2019.

5. Noah Kittner, Felix Lill, and Daniel M. Kammen, "Energy Storage Deployment and Innovation for the Clean Energy Transition," *Nature Energy* 2, no. 17,125 (July 31, 2017); Logan Goldie-Scot, "A Behind the Scenes Take on Lithiumion Battery Prices," Bloomberg NEF, March 5, 2019.

6. MacKay, *Sustainable Energy*, 153.

7. Office of Energy Efficiency and Renewable Energy, "Energy Analysis, Data, and Reports: Manufacturing Energy Bandwidth Studies," US Department of Energy, 2013.

8. "Atlas of 100% Renewable Energy," Wärtsilä, 2020.

9. US Energy Information Administration, "Table 10.1: Renewable Energy Production and Consumption by Source," *Monthly Energy Review*, February 2021.

第 10 章

1. *Lazard's Levelized Cost of Energy Analysis*, Version 13, Lazard, November 7, 2019.

2. Office of Energy Efficiency and Renewable Energy, "Soft Costs," US Department of Energy, 2020.

3. Edward Rubin et al., "A Review of Learning Rates for Electricity Supply Technologies," *Energy Policy* 86 (November 2015): 198–218.

4. T. P. Wright, "Factors Affecting the Cost of Airplanes," *Journal of Aeronautical Sciences* 3, no. 4 (February 1936).

5. Gordon E. Moore, "Cramming More Components onto Integrated Circuits," *Electronics*, April 19, 1965, 114–117.

6. Béla Nagy et al., "Statistical Basis for Predicting Technological Progress," *PLOS One* 8, no. 2 (February 23, 2013): e52,669.

7. Rubin, "A Review of Learning Rates," 198–218.

8. "Sunny Up lands," *The Economist*, November 21,2012.

9. Nancy M. Haegel et al., "Terawatt-Scale Photovoltaics: Trajectories and Challenges," *Science* 356, no. 6,334 (April 14, 2017): 141–143.

10. International Renewable Energy Agency, "Renewable Energy Now Accounts for a Third of Global Power Capacity," news release, April 2, 2019.

11. The exact number depends on how world population grows, and what quality of life is enjoyed by what percentage of humans. De Stercke, *Dynamics of Energy Systems*.

第 11 章

1. Saul Griffith and Sam Calisch, "No Place Like Home: Fighting Climate Change (and Saving Money) by Electrifying America's Households," Rewiring America, October 2020.

2. US Bureau of Labor Statistics, "Consumer Expenditure Surveys: State-Level Expenditure Tables by Income," 2020.

3. US Energy Information Administration, "State Energy Data System (SEDS): 1960–2018 (complete)," 2020.

4. Office of Energy Efficiency and Renewable Energy, "Find and Compare Cars: 2020 Honda Civic 4Dr," US Department of Energy.

5. Office of Energy Efficiency and Renewable Energy, "Find and Compare Cars: 2019 BMW 540i," US Department of Energy.

6. Office of Energy Efficiency and Renewable Energy, "Find and Compare Cars: 2019 Chevrolet Silverado LD C15 2WD," US Department of Energy.

7. National Renewable Energy Laboratory, "Typical Meteorological Year (TMY)," National Solar Radiation Database.

8. Sanden Water Heater, "Sanden SANCO2: Heat Pump Water Heater Technical Information," Sanden Water Heater, October 2017.

9. Office of Energy Efficiency & Renewable Energy (EERE), "Commercial and Residential Hourly Load Profiles for all TMY3 Locations in the United States," US Department of Energy, last updated July 2, 2013.

10. Heather Lammers, "News Release: NREL Raises Rooftop Photovoltaic Technical Potential Estimate," National Renewable Energy Laboratory, March 24, 2016.

第 12 章

1. "Home Owners' Loan Act (1933)," The Living New Deal, 2020.

2. Mock, "The Electric Home and Farm Authority."

第 13 章

1. James McKellar, "Oil and Gas Financing: 'How It Works'" (presentation, 32nd Annual Ernest E. Smith Oil, Gas, & Mineral Law Institute, Houston, TX, March 31, 2006).

2. R. Allen Myles et al., "Warming Caused by Cumulative Carbon Emissions towards the Trillionth Tonne," *Nature* 458, no. 7,242 (May 2009): 1,163–1,166.

3. Office of Energy Efficiency & Renewable Energy (EERE), *Manufacturing Energy Bandwidth Studies* (2014 MECS), Energy Analysis, Data and Reports, US Department of Energy.

4. J. F. Mercure et al., "Macroeconomic Impact of Stranded Fossil Fuel Assets," *Nature Climate Change* 8 (2018): 588–593.

5. Richard Knight, "Sanctions, Disinvestment, and US Corporations in South Africa," in *Sanctioning Apartheid*, ed. Robert E. Edgar (Trenton, NJ: Africa World Books, 1991).

6. "Oil Company Earnings: Reality Over Rhetoric," *Forbes*, May 10, 2011.

第 14 章

1. Jon Henley and Elisabeth Ulven, "Norway and the A-ha Moment that Made Electric Cars the Answer," *The Guardian*, April 19, 2020.

2. California Energy Commission, "2019 Building Energy Efficiency Standards," 2020.

3. San Francisco Planning Department, *Zoning Administrator Bulletin No. 11: Better Roofs Ordinance*, 2019.

4. Susie Cagle, "Berkeley Became First US City to Ban Natural Gas. Here's

What That May Mean for the Future," *The Guardian*, July 23, 2019.

5. Chris D'Angelo, "The Gas Industry's Bid to Kill A Town's Fossil Fuel Ban," *Huffington Post*, December 16, 2019.

6. "Net Metering," Solar Energy Industries Association, 2020.

7. California Public Utilities Commission, "What Are TOU Rates?" 2020.

8. Legal Pathways to Deep Decarbonization.

第 15 章

1. Richard Scarry, *What Do People Do All Day*? (New York: Golden Books, 1968).

2. "Fact Sheets," National Association of Convenience Stores, 2020.

3. Saul Griffith and Sam Calisch, "Mobilizing for a Zero-Carbon America: Jobs, Jobs, and More Jobs," Rewiring America, July 2020.

4. Arthur Herman, *Freedom's Forge: How American Business Produced Victory in World War II* (New York: Random House, 2012); US War Production Board, *Wartime Production Achievements and the Reconversion Outlook: Report of the Chairman*, October 9.

第 16 章

1. "We Shall Fight on the Beaches," International Churchill Society, 2020.

2. *Journal of the House of Representatives of the United States*, 77th Congress, Second Session, January 5, 1942 (Washington, DC: US Government Printing Office, 1942), 6; emphasis mine.

3. William M. Franklin and William Gerber, eds., *Foreign Relations of the United States: Diplomatic Papers, The Conferences at Cairo and Tehran,*

1943, President's Log at Tehran entry on Tuesday, November 30, 8:30 p.m. (Washington DC: US Government Printing Office, 1961), 469.

第 17 章

1. Nicholas Rees and Richard Fuller, *The Toxic Truth: Children's Exposure to Lead Pollution Undermines a Generation of Future Potential*, UNICEF and Pure Earth, 2020.
2. Sérgio Faias, Jorge Sousa, Luís Xavier, and Pedro Ferreira, "Energy Consumption and CO_2 Emissions Evaluation for Electric and Internal Combustion Vehicles Using a LCA Approach," *Renewable Energies and Power Quality Journal* 1, no. 9 (May 2011): 1382–1388.
3. Office of Energy Efficiency and Renewable Energy, "Energy Analysis, Data and Reports," US Department of Energy, 2020.
4. Stephen Nellis, "Apple Buys First-Ever Carbon-Free Aluminum from Alcoa-Rio Tinto Venture," Reuters, December 5, 2019.
5. Center for International Environmental Law, *Plastic & Climate: The Hidden Costs of a Plastic Planet*, May 2019.
6. CIEL, *Plastic & Climate*.

附录 A

1. Ben Blatt, "*Where's Waldo's* Elusive Hero Didn't Just Get Sneakier. He Got Smaller," *Slate*, March 7, 2017.
2. House, "Economic and Energetic Analysis."
3. World Resources Institute, "World Greenhouse Gas Emissions: 2016."

4. Mustapha Harb et al., "Projecting Travelers into a World of Self-Driving Vehicles: Estimating Travel Behavior Implications via a Naturalistic Experiment," *Transportation* 45, no. 6 (November 2018): 1,671–1,685.

附录 B

1. Joni Mitchell, "Big Yellow Taxi," *Ladies of the Canyon* (1970).

附录 C

1. Jack Pales and Charles Keeling, "The Concentration of Atmospheric Carbon Dioxide in Hawaii," *Journal of Geophysical Research* 70, no. 24, 1965.

2. Pieter Tans and Ralph Keeling, "Mauna Loa CO_2 Monthly Mean Concentration," Wikimedia Commons, January 6, 2019.

3. Syukuro Manabe and Richard T. Wetherald, "Thermal Equilibrium of the Atmosphere with a Given Distribution of Relative Humidity," *Journal of the Atmospheric Sciences* 24, no. 3, 1967.

4. William W. L. Cheung et al., "Large-Scale Redistribution of Maximum Fisheries Catch Potential in the Global Ocean under Climate Change," *Global Change Biology* 16, no. 1, January 2010; Cynthia Rosenzweig et al., "Assessing Agricultural Risks of Climate Change in the 21st Century in a Global Gridded Crop Model Intercomparison," *Proceedings of the National Academy of Sciences* 111, no. 9 (March 4, 2014).

5. Daniel Scott and Stefan Gössling, *Tourism and Climate Mitigation: Embracing the Paris Agreement*, Brussels: European Travel Commission, March 2018.

6. Stephane Hallegatte et al., *Shock Waves: Managing the Impacts of Climate Change on Poverty* (Washington, DC: World Bank, 2016).

7. Calum T. M. Nicholson, "Climate Change and the Politics of Casual Reasoning: The Case of Climate Change and Migration," *The Geographical Journal* 180, no. 2 (June 2014).

8. Solomon Hsiang et al., "Estimating Economic Damage from Climate Change in the United States," *Science* 356, no. 6,345 (June 30, 2017): 1,362–1,369.

9. Solomon Hsiang and Marshall Burke, "Climate, Conflict, and Social Stability: What Does the Evidence Say?" *Climatic Change* 123 (2014): 39–55.

10. Marko Tainio, "Future Climate and Adverse Health Effects Caused by Fine Particulate Matter Air Pollution: Case Study for Poland," *Regional Environmental Change* 13 (2013): 705–715.

11. Zhoupeng Ren et al., "Predicting Malaria Vector Distribution under Climate Change Scenarios in China: Challenges for Malaria Elimination," *Scientific Reports* 6, no. 20,604 (February 12, 2016).

12. Tord Kjellstrom, R. Sari Kovats, Simon J. Lloyd, Tom Holt, and Richard S. J. Tol, "The Direct Impact of Climate Change on Regional Labor Productivity," *Archives of Environmental and Occupational Health* 64, no. 4 (Winter 2009): 217–227.

13. Ove Hoegh-Guldberg et al., "Impacts of 1.5°C Global Warming on Natural and Human Systems," in *Global Warming of 1.5 °C*, eds. Valérie Masson-Delmotte et al., Intergovernmental Panel on Climate Change, 2019.

14. R. Allen Myles et al., "Warming Caused by Cumulative Carbon Emissions towards the Trillionth Tonne," *Nature* 458, no. 7,242 (May 2009): 1,163–1,166.

附录 D

1. Sandra Rendgen, *The Minard System: The Complete Statistical Graphics of Charles-Joseph Minard* (Princeton, NJ: Princeton Architectural Press, 2018).
2. US Bureau of Labor Statistics, "Consumer Expenditures—2019," news release, September 9, 2020.
3. Lawrence Livermore National Laboratory, "How to Read an LLNL Energy Flow Chart (Sankey Diagram)," YouTube, April 19, 2016.

未来，属于终身学习者

我们正在亲历前所未有的变革——互联网改变了信息传递的方式，指数级技术快速发展并颠覆商业世界，人工智能正在侵占越来越多的人类领地。

面对这些变化，我们需要问自己：未来需要什么样的人才？

答案是，成为终身学习者。终身学习意味着具备全面的知识结构、强大的逻辑思考能力和敏锐的感知力。这是一套能够在不断变化中随时重建、更新认知体系的能力。阅读，无疑是帮助我们整合这些能力的最佳途径。

在充满不确定性的时代，答案并不总是简单地出现在书本之中。"读万卷书"不仅要亲自阅读、广泛阅读，也需要我们深入探索好书的内部世界，让知识不再局限于书本之中。

湛庐阅读 App: 与最聪明的人共同进化

我们现在推出全新的湛庐阅读 App，它将成为您在书本之外，践行终身学习的场所。

- 不用考虑"读什么"。这里汇集了湛庐所有纸质书、电子书、有声书和各种阅读服务。

- 可以学习"怎么读"。我们提供包括课程、精读班和讲书在内的全方位阅读解决方案。

- 谁来领读？您能最先了解到作者、译者、专家等大咖的前沿洞见，他们是高质量思想的源泉。

- 与谁共读？您将加入优秀的读者和终身学习者的行列，他们对阅读和学习具有持久的热情和源源不断的动力。

在湛庐阅读 App 首页，编辑为您精选了经典书目和优质音视频内容，每天早、中、晚更新，满足您不间断的阅读需求。

【特别专题】【主题书单】【人物特写】等原创专栏，提供专业、深度的解读和选书参考，回应社会议题，是您了解湛庐近千位重要作者思想的独家渠道。

在每本图书的详情页，您将通过深度导读栏目【专家视点】【深度访谈】和【书评】读懂、读透一本好书。

通过这个不设限的学习平台，您在任何时间、任何地点都能获得有价值的思想，并通过阅读实现终身学习。我们邀您共建一个与最聪明的人共同进化的社区，使其成为先进思想交汇的聚集地，这正是我们的使命和价值所在。

CHEERS

湛庐阅读 App
使用指南

读什么
· 纸质书
· 电子书
· 有声书

怎么读
· 课程
· 精读班
· 讲书
· 测一测
· 参考文献
· 图片资料

与谁共读
· 主题书单
· 特别专题
· 人物特写
· 日更专栏
· 编辑推荐

谁来领读
· 专家视点
· 深度访谈
· 书评
· 精彩视频

HERE COMES EVERYBODY

下载湛庐阅读 App
一站获取阅读服务

著作权合同登记号　图字：11-2023-075

Electrify: An Optimist's Playbook for Our Clean Energy Future by Saul Griffith.
Copyright © 2021 Massachusetts Institute of Technology.
Simplified Chinese translation copyright © 2023 Beijing Cheers Book Ltd.
All rights reserved.

图书在版编目（CIP）数据

零碳未来 /（美）索尔·格里菲斯著；马丽群译 .
—— 杭州：浙江科学技术出版社，2023.8
ISBN 978-7-5739-0696-0

Ⅰ . ①零… Ⅱ . ①索… ②马… Ⅲ . ①无污染能源—
普及读物 Ⅳ . ① X382-49

中国国家版本馆 CIP 数据核字（2023）第 115851 号

书　　名	零碳未来
著　　者	[美]索尔·格里菲斯
译　　者	马丽群

出版发行	浙江科学技术出版社
	地址：杭州市体育场路 347 号　邮政编码：310006
	办公室电话：0571-85176593
	销售部电话：0571-85062597
	E-mail:zkpress@zkpress.com
印　　刷	天津中印联印务有限公司

开　本	710mm×965mm　1/16	印　张	20.5
字　数	280 000		
版　次	2023 年 8 月第 1 版	印　次	2023 年 8 月第 1 次印刷
书　号	ISBN 978-7-5739-0696-0	定　价	119.90 元

责任编辑　柳丽敏	责任美编　金　晖
责任校对　张　宁	责任印务　田　文